Pascal Côté

Gestion d'un ensemble d'installations hydroélectriques

Pascal Côté

Gestion d'un ensemble d'installations hydroélectriques

soumis à une contrainte de demande

Presses Académiques Francophones

Impressum / Mentions légales
Bibliografische Information der Deutschen Nationalbibliothek: Die Deutsche Nationalbibliothek verzeichnet diese Publikation in der Deutschen Nationalbibliografie; detaillierte bibliografische Daten sind im Internet über http://dnb.d-nb.de abrufbar.
Alle in diesem Buch genannten Marken und Produktnamen unterliegen warenzeichen-, marken- oder patentrechtlichem Schutz bzw. sind Warenzeichen oder eingetragene Warenzeichen der jeweiligen Inhaber. Die Wiedergabe von Marken, Produktnamen, Gebrauchsnamen, Handelsnamen, Warenbezeichnungen u.s.w. in diesem Werk berechtigt auch ohne besondere Kennzeichnung nicht zu der Annahme, dass solche Namen im Sinne der Warenzeichen- und Markenschutzgesetzgebung als frei zu betrachten wären und daher von jedermann benutzt werden dürften.

Information bibliographique publiée par la Deutsche Nationalbibliothek: La Deutsche Nationalbibliothek inscrit cette publication à la Deutsche Nationalbibliografie; des données bibliographiques détaillées sont disponibles sur internet à l'adresse http://dnb.d-nb.de.
Toutes marques et noms de produits mentionnés dans ce livre demeurent sous la protection des marques, des marques déposées et des brevets, et sont des marques ou des marques déposées de leurs détenteurs respectifs. L'utilisation des marques, noms de produits, noms communs, noms commerciaux, descriptions de produits, etc, même sans qu'ils soient mentionnés de façon particulière dans ce livre ne signifie en aucune façon que ces noms peuvent être utilisés sans restriction à l'égard de la législation pour la protection des marques et des marques déposées et pourraient donc être utilisés par quiconque.

Coverbild / Photo de couverture: www.ingimage.com

Verlag / Editeur:
Presses Académiques Francophones
ist ein Imprint der / est une marque déposée de
OmniScriptum GmbH & Co. KG
Heinrich-Böcking-Str. 6-8, 66121 Saarbrücken, Deutschland / Allemagne
Email: info@presses-academiques.com

Herstellung: siehe letzte Seite /
Impression: voir la dernière page
ISBN: 978-3-8416-2426-0

Copyright / Droit d'auteur © 2013 OmniScriptum GmbH & Co. KG
Alle Rechte vorbehalten. / Tous droits réservés. Saarbrücken 2013

DÉDICACE

À mes parents

REMERCIEMENTS

Je tiens en premier lieu à remercier mon directeur de recherche, André Turgeon, pour sa disponibilité et sa confiance. Monsieur Turgeon a pris sa retraite plusieurs mois avant la fin de l'écriture de ce document. Malgré cela, j'ai toujours senti qu'il me supportait et avait grandement à cœur ma réussite. Je lui en suis très reconnaissant.

Je veux aussi remercier les partenaires financiers de la Chaire de recherche industrielle CRSNG-Hydro-Québec sur la gestion des systèmes hydriques pour le financement accordé à ce travail de recherche.

Je remercie ma conjointe Katy pour son aide, ses encouragements et son éternelle patience. Sans ce support il aurait été beaucoup plus difficile pour moi de produire ce document, enseigner à temps partiel et élever deux jeunes enfants.

Je voudrais remercier le professeur Dominique Orban pour ses judicieux conseils ainsi que le professeur Maarouf Saad du département de génie électrique de l'École de technologie supérieure pour le précieux temps qu'il m'a accordé afin de discuter de mon travail de recherche.

Mes derniers remerciement vont aux deux personnes qui ont été toujours avec moi lors des ses longues périodes d'étude, ma mère et mon père. Je veux les remercier de m'avoir toujours encouragé dans ce que j'ai entrepris.

RÉSUMÉ

Cette thèse présente une nouvelle approche pour solutionner un problème de gestion d'un ensemble d'installations hydroélectriques dont l'objectif est de maximiser la différence entre les revenus des ventes et les coûts des achats d'électricité et ceci tout en satisfaisant à la demande. La technique de solution proposée est basée sur la méthode des trajectoires optimales développée par Turgeon [1]. Le but de cette méthode est de déterminer un ensemble de niveaux de références à chaque période et ce pour chaque réservoir. Ces niveaux sont dit optimaux si l'espérance de la production est maximisée lorsque les réservoirs se situent sur ces niveaux. Bien que cette méthode soit applicable quelque soit le nombre de réservoirs, elle ne permet pas de solutionner un problème avec demande. La quantité d'énergie produite maximisant l'espérance de la production ne maximisera pas nécessairement la différence entre les revenus et les coûts. Ceci est particulièrement vrai durant l'hiver où les apports naturels sont faibles et la demande est forte. Afin de modifier cette méthode, nous avons donc estimé la quantité optimale d'énergie à produire pour chaque période à l'aide de la programmation dynamique stochastique. Le problème à résoudre est un problème à un réservoir qui est obtenu par l'agrégation des contenus énergétiques de l'ensemble des réservoirs du système. La règle de gestion « agrégée » donne la quantité d'énergie cible devant être produite en fonction de l'énergie potentielle stockée et des apports énergétiques prévus. Pour déterminer de quel réservoir l'eau doit être soutirée (ou emmagasinée) pour atteindre la cible, les valeurs marginales de l'eau stockée dans les réservoirs ont été estimées avec la méthode des trajectoires. La méthode a été appliquée et comparée à la programmation dynamique pour des problèmes de 2 et 3 réservoirs. La méthode a aussi été appliquée à des problèmes de grande dimension afin de montrer que la modification apportée n'affecte pas les deux principales qualités de la méthode qui sont son efficacité et sa rapidité.

TABLE DES MATIÈRES

DÉDICACE I

REMERCIEMENTS II

RÉSUMÉ III

ABSTRACT .... **ERREUR ! SIGNET NON DEFINI.**

TABLE DES MATIÈRES IV

LISTE DES TABLEAUX VII

LISTE DES FIGURES VIII

LISTE DES SIGLES ET ABRÉVIATIONS VIII

LISTE DES ANNEXES X

INTRODUCTION 1

CHAPITRE 1   MODÉLISATION DU PROBLÈME DE GESTION 7

    1.1   Notations 7

    1.2   Fonctions de production hydroélectrique et de hauteur de chute 9

    1.3   Les apports aux réservoirs 11

        1.3.1   Les apports naturels 11

        1.3.2   Génération des scénarios d'apport 12

    1.4   Problème de gestion des réservoirs 13

    1.5   Algorithme de la programmation dynamique stochastique 15

        1.5.1   Développement théorique 15

        1.5.2   Développement pratique 16

    1.6   Valeurs marginales de l'eau des réservoirs 19

CHAPITRE 2   REVUE DE LITTÉRATURE 22

    2.1   Méthodes explicites 22

2.2	Méthodes implicites	26
CHAPITRE 3	**MÉTHODE DES TRAJECTOIRES SANS DEMANDE**	29
3.1	Système avec un réservoir	29
3.2	Système avec plusieurs réservoirs	35
3.3	Calcul de la politique de gestion	41
CHAPITRE 4	**ESTIMATION DES VALEURS MARGINALES DE L'EAU**	48
4.1	Méthodologie	48
4.2	Estimation des valeurs marginales: réservoirs en parallèle	52
4.3	Estimation des valeurs marginales: réservoirs en série	56
CHAPITRE 5	**MÉTHODE DES TRAJECTOIRES AVEC DEMANDE**	62
5.1	Méthode des trajectoires et gestion de la demande	63
5.1.1	Modèle d'agrégation	64
5.2	Politique de gestion de la méthode des trajectoires avec demande	67
5.2.1	Production inférieure à la quantité d'énergie cible	67
5.2.2	Production supérieure à la quantité d'énergie cible	68
5.2.3	L'algorithme	69
5.3	Premier exemple d'application	72
5.3.1	Fonction objective	73
5.3.2	Génération des scénarios d'apport	75
5.3.3	L'algorithme de programmation dynamique	76
5.3.4	Système à trois réservoirs	83
5.4	Autres exemples incluant trois réservoirs	87
5.5	Application à des systèmes à plus de trois réservoirs	90
CONCLUSION		95
BIBLIOGRAPHIE		102

ANNEXES 107

LISTE DES TABLEAUX

Tableau 1.1 Liste des symboles 8

Tableau 5.1 Résultats de la programmation dynamique (PDS) et de la méthode des trajectoires (MTO) pour le système à deux réservoirs en parallèle 79

Tableau 5.2 Résultats de la programmation dynamique (PDS) et de la méthode des trajectoires (MTO) pour le système à deux réservoirs en série 80

Tableau 5.3 Résultats de la programmation dynamique (PDS) et de la méthode des trajectoires (MTO) pour le système à trois réservoirs en parallèle 86

Tableau 5.4 Résultats de la programmation dynamique (PDS) et de la méthode des trajectoires (MTO) pour le système de trois réservoirs en série 86

Tableau 5.5 Caractéristiques des installations des systèmes à trois réservoirs 88

Tableau 5.6 Résultats de la programmation dynamique (PDS) et de la méthode des trajectoires (MTO) pour les 5 problèmes supplémentaires 89

Tableau 5.7 Caractéristiques des installations du système à sept réservoirs 90

Tableau 5.8 Résultats de la méthode des trajectoires avec demande (A) et sans demande (S) en fonction du nombre de réservoirs 92

Tableau 5.9 Temps de calcul pour solutionner un problème avec demande en fonction du nombre de réservoirs 94

LISTE DES FIGURES

Figure 3.1 Exemple d'un ensemble de trajectoires et d'une enveloppe inférieure 32

Figure 3.2 Production totale en fonction du nombre de trajectoires retirées. 35

Figure 3.3 Exemple d'un système de 4 réservoirs 41

Figure 4.1 Système ayant une configuration impossible 62

Figure 5.1 Algorithme de calcul de la politique de gestion de la MTO avec demande 71

Figure 5.2 Fonction objective utilisée 73

Figure 5.3 Profil de la demande normalisée 74

Figure 5.4 Minimum, maximum et moyenne des séries historiques d'apports 75

Figure 5.5 Premier système étudié : deux réservoirs en parallèle 78

Figure 5.6 Deuxième système étudié : deux réservoirs en série 78

Figure 5.7 Production moyenne (A) et différence entre la demande et la production (B) pour un système à deux réservoirs en parallèle 81

Figure 5.8 Production moyenne (A) et différence entre la demande et la production (B) pour un système de deux réservoirs en série 82

Figure 5.9 Différence moyenne entre la production et la demande pour la méthode des trajectoires avec et sans une production cible 83

Figure 5.10 Troisième système étudié : trois réservoirs en parallèle 84

Figure 5.11 Quatrième système étudié : trois réservoirs en série 85

Figure 5.12 Production moyenne et production cible moyenne pour un système de trois réservoirs en série 87

Figure 5.13 Contenu moyen du réservoir 1 dans un système à 4 réservoirs avec et sans demande 91

Figure 5.14 Profil de demande et de production moyenne d'un système à 4 réservoirs avec et sans demande 93

LISTE DES SIGLES ET ABRÉVIATIONS

ACP	Analyse en Composantes Principales
AG	Algorithme Génétique
DNS	Distribution Normale Standard
LQG	*Linear Quaradtic Gaussian*
MTO	Méthode des Trajectoires Optimales
PDS	Programmation Dynamique Stochastique
PQS	Programmation Quadratique Séquentielle
RBF	*Radial Basis Function*

LISTE DES ANNEXES

ANNEXE 1- CONDITIONS D'OPTIMALITÉ DE KKT 107

ANNEXE 2 - ANALYSE DE SENSIBILITÉ 109

INTRODUCTION

L'hydroélectricité est sans contredit la source d'énergie la plus utilisée au Québec. Cette énergie est générée par les nombreux complexes hydroélectriques que nous avons construits sur nos rivières au cours des cent dernières années. La gestion de tous ces complexes doit naturellement être faite de façon à produire le plus d'énergie possible avec l'eau disponible tout en satisfaisant les contraintes d'opération. Pour résoudre ce problème, il faut solutionner un problème d'optimisation non linéaire, non convexe, dynamique, stochastique et de grande taille. La gestion efficace d'un tel système n'est donc pas une tâche facile car elle repose essentiellement sur la capacité de développer des méthodes de solutions pour des problèmes d'optimisation difficiles à résoudre. De par sa complexité le problème de gestion des complexes hydroélectriques est un sujet de recherche très riche en publications et ce, depuis plus de quarante ans [2, 3]. Le travail de recherche présenté dans cette thèse a pour but d'élaborer une approche originale permettant d'effectuer une gestion efficace d'un ensemble de complexes hydroélectriques situés sur une ou plusieurs rivières.

Un complexe hydroélectrique est généralement composé d'un barrage, d'une centrale et d'un évacuateur de crues. Les centrales sont des installations situées au pied des barrages. Elles sont équipées d'un ou plusieurs groupes turbo-alternateur qui sont alimentés en eau par les barrages. La puissance produite par un groupe turbo-alternateur est une fonction de deux variables : le débit turbiné et la hauteur de chute. La hauteur de chute correspond à la différence entre le bief amont et le bief aval ou, plus précisément, à la différence d'altitude entre le niveau amont et le niveau aval du réservoir (Figure I.0, page 14). Plus la hauteur de chute est grande plus la pression de l'eau sur les palmes de la turbine est élevée et plus la puissance hydroélectrique générée est importante. La production d'un groupe turbo-alternateur est généralement représentée par une fonction qui n'est ni convexe ni concave. Il existe aussi des centrales sans réservoir. On les appelle centrales au fil de l'eau. Ces centrales sont alimentées par le débit de la rivière et leurs productions ne sont fonctions que du débit turbiné.

Lorsqu'une centrale possède plusieurs groupes turbo-alternateur identiques, ce qui est souvent le cas, le débit total de la centrale est réparti également entre les groupes turbo-alternateur disponibles. En revanche, lorsque les groupes ne sont pas identiques la répartition du débit entre les groupes disponibles devrait être faite de façon à maximiser l'énergie produite. Ce problème d'optimisation est appelé « chargement optimal des groupes ». Ce problème peut être facilement résolu par la programmation dynamique.

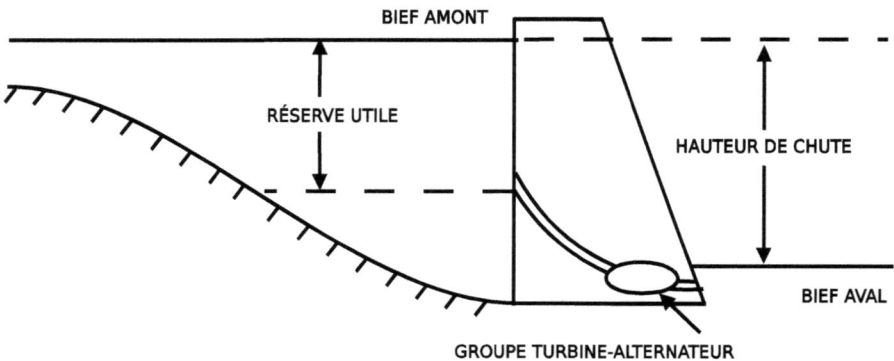

Figure I.0 Schéma typique d'un complexe hydroélectrique

Des barrages sont construits en amont des centrales hydroélectriques sur les rivières pour deux raisons : stocker les surplus d'eau des périodes de forte hydraulicité pour les périodes sèches et créer une hauteur de chute pour chaque centrale. Généralement, des évacuateurs de crues sont construits près des barrages pour évacuer les surplus d'eau durant les périodes de très forte hydraulicité et ainsi réduire les risques d'endommager le barrage ou la centrale.

Les compagnies comme Hydro-Québec qui possèdent de nombreux complexes hydroélectriques ont pour mandat de satisfaire la demande d'électricité en tout temps. Lorsque la production n'est pas suffisante pour satisfaire la demande, de l'énergie est achetée des producteurs voisins. En revanche, lorsqu'il est possible de produire plus que la demande, les surplus sont généralement vendus aux réseaux voisins au prix du marché. Dans ce contexte, l'objectif du problème de gestion est de maximiser la différence entre les revenus des ventes et le coût des achats d'électricité des réseaux voisins.

Un problème de gestion des réservoirs peut être abordé de trois façons différentes : soit à long, moyen ou court terme. Les problèmes de gestion à long terme traitent généralement de la conception et de l'aménagement de nouveaux projets hydroélectriques. L'objectif est de trouver le meilleur site pour la nouvelle centrale puis de déterminer la meilleure taille pour celle-ci compte tenu des apports prévus à long terme. Le pas de temps utilisé pour ces problèmes est généralement le mois et l'horizon d'étude peut être de plusieurs dizaines d'années. Ce type de problème peut aussi être utilisé pour gérer des installations contenant des réservoirs de forte contenance.

Les modèles de gestion à moyen terme sont utilisés pour bien planifier la gestion des réservoirs pour l'année (ou plusieurs années) qui vient. Cette planification détermine une politique de gestion permettant de maximiser certains critères comme par exemple la production hydroélectrique annuelle moyenne. Cette gestion doit être faite de façon sécuritaire, ce qui implique la minimisation des risques d'inondation. Ce type de modélisation est aussi utilisé pour la planification des horaires de maintenance des équipements de production. Le pas de temps qui est généralement utilisé est la semaine et l'horizon de planification ne dépasse jamais deux ou trois années.

Les modèles de gestion à court terme, quant à eux, servent à élaborer une stratégie efficace pour la gestion des groupes turbo-alternateurs. Ils sont surtout utilisés pour solutionner le problème de chargement optimal des groupes. Contrairement aux deux autres types de problèmes, la solution d'un problème de gestion à court terme est un problème déterministe. En effet, comme le pas de temps est généralement l'heure ou la journée et que l'horizon ne dépasse jamais la semaine, les apports naturels de même que la demande peuvent être considérés comme étant connus.

Le problème abordé dans ce travail de recherche peut être considéré comme un problème de gestion à moyen terme. Le but est de concevoir une méthode qui détermine les quantités d'eau moyennes relâchées par les installations durant une semaine. L'horizon de planification sera d'une année. Dans ce contexte, les apports naturels à chacun des réservoirs ne pourront pas être considérés comme connus; ils seront traités comme des variables aléatoires. Le modèle de gestion devient alors un problème d'optimisation stochastique. Ce type de problème, où l'objectif est de prendre une série de décisions de façon séquentielle tout en maximisant un critère d'optimisation, est aussi appelé un problème de contrôle optimal stochastique. Il est l'un de ceux les plus difficiles à résoudre [4]. La difficulté majeure provient du fait que certaines variables sont aléatoires. Dans la plupart des cas, ces variables aléatoires sont représentées par des distributions de probabilités ou par un ensemble de scénarios probables. Pour un problème de gestion à plusieurs réservoirs, les variables aléatoires sont aussi corrélées de façon spatio-temporelle. Le problème d'optimisation devient encore plus difficile à résoudre si l'on prend en considération cette structure de corrélation lors de l'optimisation.

Pour un système de grande dimension, comme ceux abordés dans cette thèse, ce problème est particulièrement difficile à résoudre compte tenu du nombre de variables d'état. La méthode de solution par excellence, la programmation dynamique, n'est pas applicable dans ce cas car le temps requis pour déterminer la solution optimale serait astronomique. De plus, la fonction de production hydroélectrique est une fonction non linéaire et non convexe, ce qui complique davantage la résolution du problème de gestion.

La méthode proposée dans ce travail de recherche permet de résoudre de façon rapide et efficace un problème de gestion à moyen terme de plusieurs réservoirs sur une ou plusieurs rivières. L'approche est basée sur une nouvelle méthode appelée « la méthode des trajectoires optimales » [1]. Cette technique d'optimisation permet de solutionner un problème dont l'objectif est de maximiser la production hydroélectrique annuelle moyenne et ce quel que soit le nombre de réservoirs. En revanche, elle n'a pas été conçue pour résoudre un problème dans lequel il y a une demande d'électricité à satisfaire. La contribution majeure de cette thèse est de proposer une modification à la méthode des trajectoires optimales pour résoudre un problème de gestion avec demande.

La modification apportée à la méthode repose tout d'abord sur l'estimation des valeurs marginales de l'eau dans les réservoirs. La valeur marginale de l'eau dans un réservoir peut être vue comme étant l'énergie que pourrait produire une petite quantité d'eau dans le futur si cette eau était emmagasinée à la fin de la période plutôt qu'être turbinée durant cette période. Ces valeurs permettent de déterminer le réservoir où l'on doit emmagasiner de l'eau si on doit réduire la production ou, à l'inverse, le réservoir où on doit augmenter le turbinage si on doit augmenter la production. De façon générale, le calcul des valeurs marginales est une tâche très difficile. Déterminer ces valeurs nécessite de résoudre un problème d'optimisation stochastique tout aussi difficile que le problème de gestion avec demande. L'estimation efficace de ces valeurs par la méthode des trajectoires optimales est sans aucun doute une contribution originale importante.

Pour être en mesure de bien résoudre le problème d'optimisation avec la méthode des trajectoires optimales, il faut auparavant déterminer la quantité d'énergie qui doit être produite à chaque pas de temps. Cette quantité n'est pas nécessairement égale à la demande comme on le sait. On pourrait par exemple produire plus et vendre nos surplus aux réseaux voisins ou, encore, produire moins et acheter de l'énergie des réseaux voisins. Cette décision n'est pas facile à prendre puisqu'elle dépend des stocks d'eau dans les réservoirs et des apports prévus. Bref, la quantité d'énergie qui doit être produite dans une période donnée est une fonction de deux variables : le contenu des réservoirs et la prévision des apports. Dans ce contexte, on doit absolument connaître le plus efficacement possible la quantité optimale d'électricité devant être produite à chaque période. On montrera dans cette thèse que cette quantité d'énergie peut être estimée avec précision en résolvant un problème de programmation dynamique qui n'inclut qu'un seul réservoir, soit le réservoir équivalent au contenu énergétique de tous les réservoirs du système.

Cette thèse est divisée en cinq chapitres. Le premier chapitre est consacré à la modélisation du problème de gestion des réservoirs. Ce chapitre a pour objectif de formaliser les éléments discutés dans cette introduction et ainsi poser les hypothèses et les définitions permettant d'élaborer la problématique de recherche de façon précise. De plus, nous présentons l'algorithme de la programmation dynamique servant à solutionner des problèmes de gestion reliés à des systèmes de moins de trois réservoirs.

Le deuxième chapitre présente une revue critique et exhaustive de la littérature sur le sujet de cette thèse. Le but est entre autres de classifier et de discuter des principales méthodes proposées depuis les années quatre-vingts afin de situer la méthode développée par rapport aux autres méthodes.

Le troisième chapitre concerne la présentation de la méthode des trajectoires optimales pour le cas où il n'y a pas de demande à satisfaire. Nous abordons l'application de la méthode pour un système à un seul réservoir. Ceci permet de poser les bases nécessaires à la compréhension de la méthode. Par la suite, nous décrivons en détail la politique de gestion de cette méthode pour un système de plusieurs réservoirs.

Dans le quatrième chapitre, nous présentons la mesure permettant d'estimer les valeurs marginales de l'eau dans les réservoirs. Nous montrons qu'en utilisant la méthode des trajectoires optimales comme politique de gestion, la mesure permet d'identifier le meilleur réservoir où augmenter le soutirage. Cette mesure est ensuite utilisée pour la conception de la politique de gestion d'un problème avec demande.

Le cinquième chapitre porte sur la méthode des trajectoires optimales pour le cas où une demande doit être satisfaite. Nous présentons alors les étapes à suivre menant au calcul du soutirage et du déversement en fonction de l'apport prévu durant la semaine et du contenu en début de période. Cette méthode est ensuite comparée à la solution optimale obtenue avec la programmation dynamique et ce, pour des problèmes de deux et trois réservoirs en série et en parallèle. Finalement, la méthode est appliquée à un système de grande dimension afin de démontrer son efficacité.

CHAPITRE 1   MODÉLISATION DU PROBLÈME DE GESTION

Ce chapitre porte sur la modélisation du problème de gestion des réservoirs que l'on solutionne dans cette thèse. Il comprend six sections. La première présente les symboles des variables utilisées dans le modèle mathématique. Les deuxième et troisième sections traitent de la fonction de production et des apports naturels. Ces sections définissent les hypothèses nécessaires à la construction du modèle mathématique présenté dans la quatrième section. La cinquième section est consacrée à la présentation de l'algorithme de la programmation dynamique. Finalement, la dernière section présente le principe de la valeur marginale de l'eau dans un réservoir et en donne une définition formelle.

1.1 Notations

Les symboles mathématiques utilisés dans ce document sont donnés dans le Tableau 1.1 de la page suivante. Les lettres minuscules en caractères gras seront utilisées pour représenter des vecteurs colonnes. Par exemple, les contenus d'un système à N réservoirs seront représentés par :

$$\mathbf{s}_t \equiv \begin{bmatrix} s_{1,t} & s_{2,t} & \ldots & s_{N,t} \end{bmatrix}^T$$

La dérivée de la fonction d'une variable, $f(x)$, sera représentée par :

$$f'(x) \equiv \frac{df(x)}{dx}$$

tandis que le vecteur des dérivées partielles d'une fonction $f(\mathbf{x})$ à n variables sera représenté par :

$$\nabla f(\mathbf{x}) \equiv \begin{bmatrix} \frac{\partial f(x_1)}{\partial x_1} & \frac{\partial f(x_2)}{\partial x_2} & \ldots & \frac{\partial f(x_N)}{\partial x_N} \end{bmatrix}^T$$

Tableau 1.1 Liste des symboles

Symbole	Description
d_t	Demande en énergie à la période t
h_i^{ref}	Hauteur de chute de référence en m^{-1} (pour le chargement optimal des groupes).
$q_{i,t}$	Apport naturel au réservoir i à la période t en hm^3
$qc_{i,t}$	Apport cumulé au réservoir i à la période t en hm^3
$s_{i,t}$	Contenu du réservoir i au début de la période t en hm^3
$\bar{s}_{i,t}$	Contenu moyen du réservoir i durant la période t en hm^3, $\bar{s}_{i,t} = 0.5(s_{i,t} + s_{i,t+1})$
$u_{i,t}$	Soutirage du réservoir i à la période t en hm^3
$v_{i,t}$	Déversement au réservoir i à la période t en hm^3
K	Nombre de points de discrétisation
N	Nombre total de réservoirs
M	Nombre total de scénarios d'apports utilisés
T	Nombre total de semaines à traiter
$c(\ )$	Fonction de revenu et de vente (GWh $\mapsto$ \$)
$g_i(\ )$	Fonction de production obtenue avec le chargement optimal des groupes à une hauteur de chute h_i^{ref} pour le réservoir i (hm^3 $\mapsto$ GWh)
$h_i(\ )$	Fonction donnant la hauteur de chute au réservoir i (hm^3 $\mapsto$ m)
$p_i(\ )$	Fonction de production du réservoir i (hm^3 $\mapsto$ GWh)
ϖ_i	Facteur de conversion GWh/hm^3 au réservoir i
Γ_i	Ensemble des réservoirs directement en amont du réservoir i
Θ_i	Ensemble de tous les réservoirs situés en aval du réservoir i

1.2 Fonctions de production hydroélectrique et de hauteur de chute

Nous avons vu que la production d'une centrale hydroélectrique varie avec la hauteur de chute et le débit turbiné. La production d'une centrale sera donc représentée par une fonction de deux variables qui donne la production moyenne en GWh pour une période. Elle correspond en fait au produit de $h_i(\ )$, la hauteur de chute, et de $g_i(\ )$, la production donnée par le chargement optimal des groupes turbo-alternateurs.

La fonction $h_i(\ )$ donne la hauteur de chute en mètre pour un volume d'eau donné (en hm^3) dans le réservoir. Nous supposons que le niveau du bief aval est toujours le même et que seul le niveau du bief amont varie avec le contenu du réservoir, d'où l'hypothèse suivante :

Hypothèse H1: Le niveau du bief aval ne varie pas avec le débit en aval de la centrale.

Nous supposons aussi que la fonction $h_i(\ )$ est strictement concave. Cette hypothèse est valable compte tenu que les réservoirs sont presque toujours de forme triangulaire. Plus le volume du réservoir diminue, plus la hauteur de chute varie avec le volume. La dérivée seconde de $h_i(\ )$ par rapport au volume est donc négative ce qui implique que la fonction est concave :

Hypothèse H2: La fonction représentant la hauteur de chute h_i est concave et strictement croissante sur tout le domaine $[0; s_i^{max}]$.

Pour une hauteur de chute donnée, la génération $g_i(\ )$ ne dépend que du turbinage de la centrale. Toutefois, lorsque les groupes turbo-alternateur ne sont pas tous identiques la production de la centrale dépend alors aussi de la façon dont le turbinage est réparti entre les groupes en opération. La solution optimale est naturellement de répartir le débit entre les groupes en opération de façon à maximiser la production. Pour obtenir une courbe montrant la génération optimale en fonction du débit, on procède au chargement optimal pour un ensemble de valeurs $u_{i,t}$. Une interpolation linéaire est ensuite effectuée pour déterminer la fonction en tout point.

Le problème de chargement optimal est solutionné une seule fois pour une hauteur de chute donnée, appelée hauteur de chute de référence (h_i^{ref}). Pour obtenir une courbe de production qui varie avec la hauteur de chute, on utilise des rapports de similitude qui calculent le débit et la puissance en fonction de la valeur de $h_i(s_{i,t})/h_i^{ref}$. Cette façon de procéder est utilisée par Hydro-Québec et est très bien définie dans la thèse de Hammadia [5]. Dorénavant, nous supposerons que les rapports de similitude sont inclus dans les fonctions $h_i(\ )$ et $g_i(\ )$, et que par conséquent la fonction de production de la centrale i est donnée par:

$$p_i\left(s_{i,t}, s_{i,t+1}, u_{i,t}\right) = h_i\left(\overline{s}_{i,t}\right) g_i\left(u_{i,t}\right) \tag{1}$$

où $\overline{s}_{i,t} = 0.5\left(s_{i,t} + s_{i,t+1}\right)$.

Comme la production dépend du turbinage et de la hauteur de chute moyenne et que ces deux variables sont liées (l'augmentation du turbinage produit nécessairement une baisse de la hauteur de chute moyenne), il est très important de bien déterminer l'effet d'une variation du turbinage sur la production. Nous supposerons ici que l'effet sur la génération d'augmenter le turbinage est toujours plus grand que l'effet dû à la réduction de la hauteur de chute :

Hypothèse H3: Pour la fonction de production $p_i\left(s_{i,t}, s_{i,t+1}, u_{i,t}\right)$, la condition suivante est respectée :

$$\frac{\partial p\left(s_{i,t}, s_{i,t+1}, u_{i,t}\right)}{\partial u_{i,t}} > \frac{\partial p\left(s_{i,t}, s_{i,t+1}, u_{i,t}\right)}{\partial s_{i,t+1}} \quad \forall u_{i,t}, \forall s_{i,t+1} \tag{2}$$

Par conséquent, toute augmentation du turbinage donne nécessairement une augmentation de la production. Cette hypothèse peut sembler simple au premier abord, mais elle sera importante dans le développement théorique présenté au chapitre 4.

1.3 Les apports aux réservoirs

1.3.1 Les apports naturels

Les apports aux réservoirs comprennent généralement deux parties : l'apport naturel et le débit des installations en amont. L'apport total au réservoir est appelé apport cumulé et correspond à la somme de l'apport naturel et des soutirages des réservoirs en amont. Pour un système en parallèle ou pour un seul réservoir sur la rivière, l'apport cumulé est égal à l'apport naturel.

Seuls les apports naturels sont considérés comme des variables aléatoires dans le problème d'optimisation. Ces apports sont corrélés de façon spatio-temporelle, c'est-à-dire que pour un réservoir i, l'apport naturel $q_{i,t}$ est corrélé aux apports des p périodes précédentes et plus précisément à $q_{i,t-1}, q_{i,t-2}, ..., q_{i,t-p}$ et que pour la période t, l'apport $q_{i,t}$ est corrélé aux apports des N autres réservoirs et plus précisément à $q_{1,t}, q_{2,t}, ..., q_{N,t}$. La grande majorité des méthodes d'optimisation qui utilisent les distributions de probabilité pour représenter les variables aléatoires suppose que la corrélation spatiale est parfaite (coefficient de corrélation égal à 1). Cette hypothèse permet naturellement de réduire le nombre de variables d'état. À l'inverse, les méthodes basées sur les scénarios d'apport ont l'avantage de pouvoir facilement considérer cette corrélation lors de l'optimisation, à condition bien sûr que les scénarios furent générés en respectant la structure de corrélation.

Pour ce qui est de la corrélation temporelle, elle existe mais n'est évidemment pas parfaite. Pour un pas de temps journalier la corrélation temporelle est très forte et il est avantageux d'en tenir compte lors de l'optimisation, comme l'a montré Turgeon [6]. Pour un pas de temps hebdomadaire la corrélation n'est pas aussi élevée que pour le cas journalier. C'est d'ailleurs la raison pour laquelle nous faisons l'hypothèse suivante :

Hypothèse H4: Les apports naturels sont connus avec certitude à l'intérieur d'une semaine et sont corrélés (pas parfaitement) avec ceux de la semaine précédente uniquement. De plus, pour une même période les apports sont parfaitement corrélés entre les réservoirs d'une même vallée.

Finalement, nous utiliserons le principe de l'écoulement instantané :

Hypothèse H5: Le principe de l'écoulement instantané est appliqué : l'eau soutirée d'un réservoir à la période *t* sera totalement comprise dans le réservoir en aval au début de la période *t+1*.

Cette hypothèse peut sembler irréaliste, surtout si les installations sont loin les unes des autres, mais cette hypothèse est utilisée dans la très grande majorité des travaux qui ont été publiés. Tenir compte du délai d'écoulement de l'eau dans un problème d'optimisation stochastique est très difficile et peu de méthodes ont été proposées pour solutionner le problème.

1.3.2 Génération des scénarios d'apport

Les scénarios d'apports sont souvent utilisés en gestion des réservoirs pour simuler l'opération en temps réel d'un ensemble de complexes hydroélectriques. Ces scénarios sont généralement générés par des modèles statistiques utilisant des données historiques. Plusieurs modèles peuvent être utilisés pour générer ces scénarios, mais dans cette thèse nous utiliserons uniquement un modèle autorégressif d'ordre 1 :

Hypothèse H6: La relation entre les apports naturels q_t et q_{t-1} est linéaire et satisfait l'équation autorégressive d'ordre 1 suivante :

$$q_t^N = b_{0,t} + b_{1,t} q_{t-1}^N + b_{2,t} \zeta_t \tag{3}$$

où ζ_t est une variable aléatoire de distribution normale standard (DNS), $q_{t-1}^N = N_t(q_t)$ est l'apport normalisé, $N_t(\ )$ est la distribution utilisée pour normaliser les données (c'est-à-dire que $q_{t-1}^N = N_t(q_t)$ suit une DNS), et $b_{0,t}$, $b_{1,t}$ et $b_{2,t}$ sont les coefficients du modèle.

Les coefficients du modèle autorégressif peuvent être facilement déterminés par la solution d'un problème linéaire des moindres carrés utilisant les historiques d'apport. Lorsque les coefficients du modèle sont connus, il suffit de générer une suite de nombres aléatoires ζ_t, $\forall t=1, 2, 3,\ldots, T$ tirés d'une DNS et appliquer la transformation inverse $q_t = N_t^{-1}(q_t^N)$ pour obtenir un ensemble de scénarios d'apports.

1.4 Problème de gestion des réservoirs

Le problème de gestion à moyen terme des réservoirs peut se formuler comme un problème d'optimisation stochastique dont l'objectif est de gérer de la meilleure façon possible un ensemble de complexes hydroélectriques. Cette gestion doit se faire de façon à maximiser la différence entre les revenus des ventes sur les marchés étrangers et le coût des achats d'énergie de ces mêmes marchés. La solution optimale doit naturellement respecter la dynamique de l'écoulement de l'eau entre les réservoirs ainsi que les bornes fixées sur la quantité d'eau contenue dans les réservoirs et celle soutirée par les réservoirs. Dans cette thèse nous utiliserons une notation impliquant plutôt une minimisation. Dans ce contexte, le problème de gestion des réservoirs peut s'écrire comme suit:

Minimiser la fonction :

$$\operatorname*{E}_{q}\left[\sum_{t=1}^{T} c\left(\sum_{i=1}^{N} p_i\left(s_{i,t}, s_{i,t+1}, u_{i,t}\right) - d_t\right) + \Psi(\mathbf{s}_{T+1})\right] \tag{4}$$

sous les contraintes :

$$s_{i,t+1} = s_{i,t} + qc_{i,t} - u_{i,t} - v_{i,t} \quad \forall\, i = 1, 2, \ldots, N, \quad \forall\, t = 1, 2\ldots, T \tag{5}$$

$$qc_{i,t} = q_{i,t} + \sum_{j \in \Gamma_i}\{u_{j,t} + v_{j,t}\} \quad \forall\, i = 1, 2, \ldots, N, \quad \forall\, t = 1, 2\ldots, T \tag{6}$$

$$0 \leq s_{i,t+1} \leq s_i^{max}, \qquad \forall\, i=1,2,\ldots,N, \quad \forall\, t=1,2,\ldots,T-1 \qquad (7)$$

$$0 \leq u_{i,t} \leq u_i^{max}, \qquad \forall\, i=1,2,\ldots,N, \quad \forall\, t=1,2,\ldots,T \qquad (8)$$

$$0 \leq v_{i,t}, \qquad \forall\, i=1,2,\ldots,N, \quad \forall\, t=1,2,\ldots,T \qquad (9)$$

où $s_{i,1} = s_i^{initial}$, $\forall\, i=1,2,\ldots,N$ est le contenu initial du réservoir i. Celui-ci est connu. Le symbole E[ ] représente l'espérance mathématique et la fonction $\Psi(\mathbf{s}_{T+1})$ donne la valeur de l'eau en stock à la fin de l'horizon. La fonction $c(\ )$ donne le revenu des ventes sur les marchés étrangers lorsque la production est plus grande que la demande d_t, et donne le coût des achats d'énergie lorsque la production est plus petite que la demande d_t. Comme l'objectif est de minimiser la fonction $c(\ )$, alors plus la différence entre la production et la demande sera grande plus la valeur de $c(\ )$ sera petite.

Contrairement aux problèmes déterministes, la solution d'un problème stochastique n'est pas une suite de valeurs numériques mais une suite de fonctions. Cette suite est désignée par la politique (ou règle) de gestion. Dans un problème de gestion des réservoirs où l'apport pour la période étudiée est connu au départ, chaque fonction donne le soutirage des différents réservoirs en fonction des contenus des réservoirs et des apports prévus pour la période. De façon formelle cette politique est définie par:

Définition 1.1 *Une politique de gestion de N réservoirs est un ensemble de fonctions :*

$$\{\Pi_1(\mathbf{s}_1,\mathbf{q}_1), \Pi_2(\mathbf{s}_2,\mathbf{q}_2), \ldots, \Pi_T(\mathbf{s}_T,\mathbf{q}_T)\}$$

où $\{\mathbf{u}_t, \mathbf{v}_t\} = \Pi_t(\mathbf{s}_t,\mathbf{q}_t)$ *est une fonction* $\mathbb{R}^{2N} \to \mathbb{R}^{2N}$ *retournant les commandes* $\mathbf{u}_t$ *et* $\mathbf{v}_t$ *à appliquer selon les contenus* $\mathbf{s}_t$ *et les apports* $\mathbf{q}_t$ *prévus pour la période t.*

La section qui suit montrera comment déterminer la politique optimale de gestion avec l'algorithme de la programmation dynamique.

1.5 Algorithme de la programmation dynamique stochastique

1.5.1 Développement théorique

L'élément le plus important dans l'algorithme de programmation dynamique est la fonction de Bellman, appelée aussi fonction de récompense ou de profits futurs. Cette fonction représente l'espérance des profits futurs en fonction de l'état du système en fin de période. Dans le contexte de la gestion des réservoirs, cette fonction peut être définie comme suit:

Définition 1.2 *La fonction de Bellman $F_{t+1}(\mathbf{s}_{t+1})$ donne l'espérance des profits futurs lorsque le contenu des réservoirs à la fin de période est égal à $\mathbf{s}_{t+1}$ et que l'on applique la politique de gestion optimale pour les périodes $t+1, t+2, \ldots, T$.*

Les conditions d'optimalité du problème de gestion peuvent ensuite être exprimées en utilisant les définitions 1.1 et 1.2:

Proposition 1.1 (*Bertsekas [4]*) *Quel que soit l'état initial du système* ($\mathbf{s}^{\text{initial}}$), *si la fonction de Bellman $F_1(\mathbf{s}^{\text{initial}})$ est obtenue en calculant à rebours pour les périodes $T, T-1, \ldots, 2, 1$, l'équation suivante:*

$$F_t(\mathbf{s}_t) = \mathop{\mathrm{E}}_{q_t}\left\{\min\left[c\left(\sum_{i=1}^{N} p_i(s_{i,t}, s_{i,t+1}, u_{i,t}) - d_t\right) + F_{t+1}(\mathbf{s}_{t+1})\right]\right\} \quad (10)$$

où $F_{T+1}(\mathbf{s}_{1,t+1}) = \Psi(\mathbf{s}_{T+1})$, alors la politique de gestion suivante est optimale:

$$\Pi_t(\mathbf{s}_t, \mathbf{q}_t) = \arg\min\left\{c\left(\sum_{i=1}^{N} p_i(s_{i,t}, s_{i,t+1}, u_{i,t}) - d_t\right) + F_{t+1}(\mathbf{s}_{t+1})\right\} \quad (11)$$

L'algorithme de programmation dynamique consiste donc à calculer à rebours la fonction de Bellman de l'équation (10).

Toutefois, cette formulation ne prend pas en compte la corrélation temporelle. Lorsque les apports sont corrélés avec ceux de la période *t-1*, comme c'est le cas dans ce mémoire, l'apport dans la période *t-1* devient une variable d'état au même titre que le contenu des réservoirs. Dans ce cas la fonction de Bellman dépend de l'apport à la période *t-1* et est donnée par :

$$F_t(\mathbf{s}_t, \mathbf{q}_{t-1}) = \underset{q_t|q_{t-1}}{\mathrm{E}}\left\{\min\left[c\left(\sum_{i=1}^{N} p_i\left(s_{i,t}, s_{i,t+1}, u_{i,t}\right) - d_t\right) + F_{t+1}(\mathbf{s}_{t+1}, \mathbf{q}_t)\right]\right\} \quad (12)$$

Par contre, comme le montera la section suivante, plusieurs éléments importants doivent être considérés lorsque l'on désire utiliser cet algorithme dans un programme informatique.

1.5.2 Développement pratique

L'algorithme de programmation dynamique sera utilisé pour comparer les résultats obtenus avec cette méthode à ceux obtenus avec la méthode développée dans cette thèse. Cette section présente les détails concernant l'implantation de l'algorithme de programmation dynamique à un problème de deux réservoirs ($N=2$). La généralisation à un système de N réservoirs peut paraître facile bien que, comme nous le verrons plus tard, elle est difficilement applicable lorsque $N>3$.

Pour la version sans corrélation, l'algorithme consiste à résoudre à rebours, c'est-à-dire pour $t = T, T-1, \ldots, 1$, l'équation récursive suivante:

$$F_t(s_{1,t}, s_{2,t}) = \underset{q_{1,t}}{\mathrm{E}}\left\{\min\left[c\left(\sum_{i=1}^{2} p_i\left(s_{i,t}, s_{i,t+1}, u_{i,t}\right) - d_t\right) + F_{t+1}(s_{1,t+1}, s_{2,t+1})\right]\right\} \quad (13)$$

où $F_{T+1}(s_{1,T+1}, s_{2,T+1}) = \Psi(s_{1,T+1}, s_{2,T+1})$, tout en respectant les contraintes et les bornes sur les variables. La première chose à considérer est la fonction $\Psi(s_{1,T+1}, s_{2,T+1})$. Si cette fonction est inconnue, ce qui est généralement le cas, on pose tout d'abord $F_{T+1}(s_{1,T+1}, s_{2,T+1}) = 0$, $\forall (s_{1,T+1}, s_{2,T+1})$ et on résout l'équation (13) pour une première année. On pose ensuite $F_{T+1}(s_{1,T+1}, s_{2,T+1}) = F_1(s_{1,T+1}, s_{2,T+1})$ puis on résout pour une deuxième année. Le processus est répété tant et aussi longtemps que la politique de gestion diffère d'une année à l'autre.

Deuxièmement, comme les variables $s_{i,t}$ sont continues, il est impossible de résoudre l'équation (13) pour toutes les valeurs possibles. Il faut donc représenter le domaine des variables par un ensemble fini de points de discrétisation. Par exemple, pour un problème de gestion à deux réservoirs résoudre l'équation (13) reviendrait à remplir le tableau suivant:

$$\begin{bmatrix} F_t\left(s_{1,t}^{(1)}, s_{2,t}^{(1)}\right) & F_t\left(s_{1,t}^{(1)}, s_{2,t}^{(2)}\right) & \ldots & F_t\left(s_{1,t}^{(1)}, s_{2,t}^{(k)}\right) & \ldots & F_t\left(s_{1,t}^{(1)}, s_{2,t}^{(K)}\right) \\ F_t\left(s_{1,t}^{(2)}, s_{2,t}^{(1)}\right) & F_t\left(s_{1,t}^{(2)}, s_{2,t}^{(2)}\right) & \ldots & F_t\left(s_{1,t}^{(2)}, s_{2,t}^{(k)}\right) & \ldots & F_t\left(s_{1,t}^{(2)}, s_{2,t}^{(K)}\right) \\ \vdots & \vdots & \ddots & \vdots & \ddots & \vdots \\ F_t\left(s_{1,t}^{(k)}, s_{2,t}^{(1)}\right) & F_t\left(s_{1,t}^{(k)}, s_{2,t}^{(2)}\right) & \ldots & F_t\left(s_{1,t}^{(k)}, s_{2,t}^{(k)}\right) & \ldots & F_t\left(s_{1,t}^{(k)}, s_{2,t}^{(K)}\right) \\ \vdots & \vdots & \ddots & \vdots & \ddots & \vdots \\ F_t\left(s_{1,t}^{(K)}, s_{2,t}^{(1)}\right) & F_t\left(s_{1,t}^{(K)}, s_{2,t}^{(2)}\right) & \ldots & F_t\left(s_{1,t}^{(K)}, s_{2,t}^{(k)}\right) & \ldots & F_t\left(s_{1,t}^{(K)}, s_{2,t}^{(K)}\right) \end{bmatrix}$$

où $s_{i,t}^{(k)}$ réfère à la $k^{\text{ième}}$ valeur discrétisée du contenu du réservoir i à la période t et où K est le nombre de points de discrétisation utilisés. La fonction $F_{t+1}\left(s_{1,t+1}, s_{2,t+1}\right)$ peut être ensuite évaluée sur tout le domaine en effectuant une interpolation linéaire.

La résolution de l'équation (13) requiert aussi le calcul d'une espérance mathématique. Notons tout d'abord que cette espérance est calculée pour une seule variable, soit $q_{1,t}$. Ceci est dû à l'hypothèse H4 où l'on suppose que les apports naturels aux différents sites sont parfaitement corrélés à la période t. Les apports intermédiaires sont déterminés en multipliant la valeur de $q_{1,t}$ par un facteur de pondération appelé coefficient de bassin du réservoir. La détermination de l'espérance mathématique est faite avec la distribution de probabilité de la variable aléatoire $q_{1,t}$. Si les historiques d'apports sont disponibles, il est possible alors d'estimer les distributions N_t (permettant de normaliser l'apport q_t) à l'aide de méthodes paramétriques [7].

Une fois les distributions connues, on estime l'opérateur d'espérance mathématique via une sommation des probabilités. La variable aléatoire est alors représentée par un ensemble de J points de discrétisation. L'équation (13) devient maintenant la suivante:

$$F_t\left(s_{1,t}, s_{2,t}\right) = \sum_{j=1}^{J} \min\left[c\left(\sum_{i=1}^{2} p_i\left(s_{i,t}, s_{i,t+1}, u_{i,t}\right) - d_t\right) + F_{t+1}\left(s_{1,t+1}, s_{2,t+1}\right)\right] \times \Pr\left(q_{1,t}^N = z_j\right) \quad (14)$$

où $q_{1,t}^N = N_t\left(q_{1,t}\right)$, z_j représente un des points de discrétisation de l'apport normalisé et $\Pr\left(q_{1,t}^N = z_j\right)$ est la probabilité que l'apport normalisé soit égal au point de discrétisation z_j. La probabilité est déterminée avec la DNS.

Maintenant, si l'on considère que l'apport à la période t est corrélé avec celui de la période t-1 l'apport à la période t-1 devient alors une autre variable d'état qu'il faudra aussi représenter par un ensemble de points de discrétisation. Il s'en suit que la fonction de Bellman doit alors être déterminée avec l'équation suivante:

$$F_t\left(s_{1,t}, s_{2,t}, q_{1,t-1}\right) = \mathop{\mathrm{E}}_{q_t|q_{t-1}} \left\{\min\left[c\left(\sum_{i=1}^{2} p_i\left(s_{i,t}, u_{i,t}\right) - d_t\right) + F_{t+1}\left(s_{1,t+1}, s_{2,t+1} q_{1,t}\right)\right]\right\} \quad (15)$$

L'espérance mathématique nécessite encore une fois que l'on représente la variable $q_{1,t}$ par un ensemble de J points de discrétisation mais, cette fois, la probabilité que l'apport normalisé $q_{1,t}^N$ soit égal à l'apport z_j est conditionnelle à la variable $q_{1,t-1}^N = N_{t-1}\left(q_{1,t-1}\right)$. L'équation (15) devient alors la suivante :

$$F_t\left(s_{1,t}, s_{2,t}, q_{1,t-1}\right) = \\ \sum_{j=1}^{J} \min\left[c\left(\sum_{i=1}^{2} p_i\left(s_{i,t}, u_{i,t}\right) - d_t\right) + F_{t+1}\left(s_{1,t+1}, s_{2,t+1}, q_{1,t-1}\right)\right] \times \Pr\left(q_{1,t}^N = z_j \Big| q_{1,t-1}^N\right) \quad (16)$$

Lorsqu'on utilise des scénarios d'apport générés par un modèle autorégressif d'ordre 1, la probabilité conditionnelle est déterminée par :

$$\Pr\left(q_{1,t}^N = z_j \Big| q_{1,t-1}^N\right) = \Pr\left(\zeta_t = \left(z_j - b_{0,t} - b_{1,t} q_{1,t-1}^N\right) / b_{2,t}\right) \quad (17)$$

Comme les variables q_{t-1}^N et ζ_t suivent une DNS, cette probabilité est directement obtenue via la DNS.

Malheureusement, la programmation dynamique est difficilement applicable lorsque le nombre de réservoirs est supérieur ou égal à 3. C'est en fait le nombre de points de discrétisation qui limite l'algorithme. La quantité de données à traiter croît de façon exponentielle avec le nombre de variables d'état. Plus précisément, on doit calculer K^n valeurs pour estimer la fonction de Bellman pour une période, où n représente le nombre de variables d'état et K le nombre de points de discrétisation. Donc, au delà de 4 variables d'état (incluant la variable d'apport), la programmation dynamique atteint sa limite et il est impensable d'utiliser cette méthode pour solutionner un problème de sept réservoirs comme nous le faisons dans cette thèse.

1.6 Valeurs marginales de l'eau des réservoirs

La valeur marginale de l'eau contenue dans un réservoir est un concept que nous utilisons dans cette thèse. Cette section a donc pour but de présenter ce concept et de le définir.

L'eau contenue dans un réservoir est en fait de l'énergie potentielle que l'on emmagasine pour usage futur. Lorsqu'on parle de valeur « marginale » de l'eau, on réfère à la valeur d'une petite quantité d'eau stockée dans le réservoir. À une période donnée, cette quantité d'eau peut être soit turbinée ou soit emmagasinée pour usage futur. La valeur marginale de l'eau correspond à l'espérance mathématique de la production additionnelle que l'on pourra faire dans le futur en conservant cette eau.

Cette valeur marginale de l'eau est très importante puisqu'elle permet de déterminer le réservoir duquel on devrait soutirer de l'eau maintenant pour augmenter la génération. En effet, si l'on se pose la question de savoir de quel réservoir on doit augmenter le turbinage pour accroître la production, la réponse est tout simplement de choisir le réservoir ayant la plus petite valeur marginale, c'est-à-dire celui ayant le moins d'impact sur la production à long terme.

Malheureusement, ces valeurs sont très difficiles à calculer. Tout d'abord, l'espérance de la production future de l'eau dans un réservoir dépend du contenu du réservoir. Ceci est normal puisque la production dépend de la hauteur de chute du réservoir. Mais elle dépend aussi du contenu des réservoirs en aval puisque l'eau dans le réservoir amont sera éventuellement turbinée par les centrales en aval. Par exemple, si tous les réservoirs en aval sont vides, l'eau soutirée du réservoir amont sera ensuite soutirée à une faible hauteur de chute en aval. La valeur marginale de l'eau sera nécessairement différente si les hauteurs de chute en aval étaient plus élevées. Finalement, la valeur marginale de l'eau dépend aussi des apports au réservoir. Par exemple, l'eau contenue dans un réservoir vide au début de l'hiver a beaucoup moins de « valeur » que l'eau contenue dans un réservoir vide au printemps. Ceci s'explique par le fait qu'en hiver il n'y a pratiquement par d'apport naturel. Il pourrait se passer beaucoup de temps avant que la hauteur de chute augmente. À l'inverse, au printemps les apports naturels sont forts et la hauteur de chute augmente rapidement. Comme les apports naturels sont des variables aléatoires cela complique grandement le calcul des valeurs marginales.

La façon « optimale » de calculer les valeurs marginales est de solutionner le problème suivant avec la programmation dynamique:

Maximiser la fonction:

$$\mathrm{E}_q\left[\sum_{t=1}^{T}\sum_{i=1}^{N} p_i\left(s_{i,t}, s_{i,t+1}, u_{i,t}\right)\right] + \Psi(\mathbf{s}_{T+1}) \qquad (18)$$

Sujet aux contraintes :

$$s_{i,t+1} = s_{i,t} + qc_{i,t} - u_{i,t} - v_{i,t} \quad \forall\, i=1,2,\ldots,N, \quad \forall\, t=1,2\ldots,T \qquad (19)$$

$$qc_{i,t} = q_{i,t} + \sum_{j \in \Gamma_i}\left\{u_{j,t} + v_{j,t}\right\} \quad \forall\, i=1,2,\ldots,N, \quad \forall\, t=1,2\ldots,T \qquad (20)$$

$$0 \leq s_{i,t+1} \leq s_i^{\max}, \qquad \forall\, i=1,2,\ldots,N, \quad \forall\, t=1,2,\ldots,T-1 \qquad (21)$$

$$0 \leq u_{i,t} \leq u_i^{\max}, \qquad \forall\, i=1,2,\ldots,N, \quad \forall\, t=1,2,\ldots,T \qquad (22)$$

$$0 \leq v_{i,t}, \qquad \forall\, i=1,2,\ldots,N, \quad \forall\, t=1,2,\ldots,T \qquad (23)$$

Ce problème est similaire au problème avec demande défini dans la section 1.4. La seule différence est que la fonction objective ici est de maximiser la production hydroélectrique. Supposons maintenant que ce problème a été résolu par la programmation dynamique. Dans ce cas la fonction de Bellman suivante aura été déterminée:

$$F_t(\mathbf{s}_t) = \operatorname*{E}_{\mathbf{q}_t}\left[\max\left\{\sum_{i=1}^{N} p_i\left(s_{i,t}, s_{i,t+1}, u_{i,t}\right) + F_{t+1}\left(\mathbf{s}_{t+1}\right)\right\}\right] \qquad (24)$$

On sait qu'à la période t, la fonction de Bellman $F_{t+1}(\mathbf{s}_{t+1})$ donne l'espérance de la génération future du système en fonction du contenu du réservoir en fin période. Donc, pour obtenir une valeur marginale, on doit calculer l'équation suivante:

$$\operatorname{marg}_{i,t} = \frac{\partial F_{t+1}}{\partial s_{i,t+1}} \qquad (25)$$

Malheureusement, cette définition repose essentiellement sur la capacité à résoudre le problème de gestion (18)-(23) avec la programmation dynamique ce qui, encore une fois, est impossible pour un problème de plus de quatre variables d'état. Un des objectifs de cette thèse est de mettre au point une méthode permettant d'approximer ces valeurs marginales.

CHAPITRE 2   REVUE DE LITTÉRATURE

Ce chapitre est consacré à la revue de la littérature des principaux articles traitant du problème de gestion des réservoirs. Étant donné l'ampleur du sujet, cette revue portera surtout sur les méthodes proposées depuis les années 1980. Cette revue sera divisée en deux sections qui regroupent les méthodes explicites et les méthodes implicites. Les méthodes explicites sont des techniques d'optimisation stochastiques dont les variables aléatoires sont représentées par des distributions de probabilité ou des ensembles de scénarios. On détermine une règle de gestion en appliquant la méthode d'optimisation une seule fois. À l'inverse, les méthodes implicites utilisent des techniques d'optimisation déterministes. Les variables aléatoires sont représentées par des scénarios et la méthode d'optimisation est appliquée autant de fois qu'il y a des scénarios. Une technique de régression (ou toute autre stratégie) est ensuite appliquée aux solutions déterministes pour obtenir une règle de gestion pouvant être utilisée en temps réel.

2.1 Méthodes explicites

La programmation dynamique stochastique (PDS) est décidément la méthode la plus utilisée pour résoudre des problèmes d'optimisation stochastique puisqu'elle garantit, sous certaines conditions, l'optimalité de la solution [4]. En revanche, comme on l'a vue au chapitre précédent, l'application de cette méthode devient très difficile lorsque le nombre de réservoirs est supérieur à trois. Dans de nombreux travaux concernant des problèmes de gestion, on a souvent tenté de transformer le problème original de façon à pouvoir appliquer cette méthode. Par exemple, si la fonction objective peut être représentée par une fonction quadratique, la fonction de Bellman peut alors être représentée par une fonction continue et non par une table de valeurs discrétisées. Dans ce cas, le problème de dimensionnalité est réglé. Cette méthode, appelée programmation dynamique différentielle, a été appliquée avec succès à des problèmes déterministes [8] et stochastiques [9]. Par contre, une fonction objective quadratique ne permet pas en général de bien représenter la fonction objective utilisée pour les problèmes de gestion des réservoirs hydroélectriques.

Une autre approche consiste à réduire le nombre de points de discrétisation des variables d'état et à utiliser des techniques d'interpolation sophistiquées comme des polynômes d'Hermite [10], des séries de polynômes [11], des réseaux de neurones [12, 13] ou encore la logique floue [14]. Une fois la fonction de Bellman calculée pour certaines valeurs discrétisées, la politique de gestion peut être simulée pour un grand nombre de scénarios en utilisant la technique d'interpolation suggérée. Néanmoins, le problème de dimensionnalité pour ce genre de technique est toujours présent même si on peut traiter des problèmes de plus de trois réservoirs.

Les techniques d'agrégation, quant à elles, sont des méthodes qui reposent sur le principe suivant: agréger les réservoirs du système, en termes de contenu énergétique, en un seul réservoir afin de déterminer une politique de gestion par la PDS. La difficulté principale de cette approche est de désagréger, c'est-à-dire de subdiviser la politique de gestion du système agrégé. Un des premiers travaux d'importance dans ce domaine est celui de Turgeon [15]. Pour un problème de N réservoirs, l'auteur propose de résoudre N problèmes stochastiques à deux variables. Pour chaque problème, la première variable d'état représente le contenu énergétique d'un réservoir alors que la deuxième variable correspond au contenu énergétique des autres réservoirs du système qui ont été agrégés. Une fois ces problèmes résolus par la PDS, N fonctions de Bellman sont disponibles. La règle de gestion de chacun des réservoirs est ensuite déterminée en utilisant une somme pondérée de fonctions de Bellman à deux variables. Turgeon et Charbonneau [16] ont amélioré cette technique en utilisant une méthode itérative pour la désagrégation basée sur le calcul des valeurs marginales. Plutôt que d'agréger le système en deux réservoirs, Archibald, McKinnon et al. [17] proposent une agrégation en quatre variables d'état, soit une pour le contenu énergétique du réservoir, une pour les contenus énergétiques de tous les réservoirs en amont, une pour les contenus énergétiques des réservoirs en aval et une pour la variable hydrologique.

Saad et Turgeon [18] ont, pour leur part, proposé une technique bien différente où l'agrégation est basée sur l'analyse en composantes principales (ACP) de solutions déterministes. L'ACP permet d'éliminer certaines variables d'état non significatives. La programmation dynamique est appliquée au problème transformé et réduit. La désagrégation devient facilement réalisable en appliquant la transformation inverse de l'ACP. Par contre, cette transformation est une méthode de réduction linéaire qui est appliquée à un problème non linéaire. Pour cette raison, Saad, Turgeon et al. [19] ont utilisé un réseau de neurones de type perceptron pour réaliser la désagrégation. Le réseau est entraîné à désagréger une politique de gestion en utilisant des solutions du problème déterministe obtenues avec des scénarios d'apport. La méthode a été appliquée avec succès au complexe La-Grande d'Hydro-Québec. Saad, Bigras et al. [20] ont comparé l'utilisation des réseaux RBF (réseaux de fonctions à base radiale) aux réseaux perceptron et ont conclu qu'en utilisant les RBF le temps d'exécution peut être réduit de façon significative et ce sans affecter la performance. Bien que ces types de techniques permettent d'obtenir rapidement une solution, elles demeurent approximatives étant donné la perte d'information lors de l'agrégation. Plus précisément, la hauteur de chute de chacun des réservoirs n'est plus prise en compte lorsqu'on agrège les réservoirs de sorte que la production hydroélectrique obtenue est approximative.

La programmation dynamique duale est une méthode développée par Pereira [21] qui permet d'éliminer le problème de dimensionnalité de la PDS. Cette méthode consiste à construire une approximation de la fonction de Bellman avec des fonctions linéaires par partie. Ces fonctions, qui sont en fait des hyperplans, sont équivalentes aux coupes de Benders de la méthode de décomposition du même nom. L'idée est de décomposer un problème de t périodes en une série de t problèmes d'une période en utilisant le dual du problème original. Étant donné qu'un problème à une période est beaucoup plus facile à résoudre, le nombre de réservoirs considérés peut être alors très élevé. Pereira et Pinto [22] ont appliqué avec succès la programmation dynamique duale à un problème de 37 réservoirs. Dans les travaux de Tilmant, Pinte et al. [23], cette méthode a permis de solutionner un problème à 7 réservoirs en plus d'estimer la valeur marginale de l'eau dans les réservoirs. En revanche, ce type de méthode est limité par le nombre de pas de temps utilisé car les apports naturels sont représentés par des arbres de scénarios. Il serait pratiquement impossible de solutionner un problème à moyen terme dont le pas de temps est hebdomadaire ou journalier.

L'apprentissage par renforcement est une technique qui permet d'utiliser l'algorithme de la programmation dynamique en utilisant des scénarios d'apports. Cette approche consiste à calculer une politique de gestion en utilisant une approximation de la fonction Bellman construite à partir de simulations [24-26]. Lee et Labadie [27] ont utilisé cette approche avec succès pour un problème de deux réservoirs. Les auteurs ont démontré que l'apprentissage par renforcement permet de mieux prendre en considération les structures de corrélation des apports naturels puisque la fonction de Bellman est estimée par la simulation. Dans leur cas, la structure de corrélation des variables aléatoires augmente le nombre de variables d'état à

27; ce qui devient difficile à traiter avec la PDS. Castelletti, de Rigo et al. [28] ont utilisé une approche similaire dans laquelle un réseau de neurones est utilisé pour représenter la fonction de Bellman. Ils ont montré qu'en procédant ainsi il est possible de solutionner des problèmes de plus grande dimension. Malgré tout, le temps de calcul de ces algorithmes demeure relativement élevé (de l'ordre de plusieurs heures) puisque le nombre de scénarios devant être utilisés pour obtenir une solution de qualité est très grand.

La programmation dynamique par échantillonnage est aussi une approche qui utilise des scénarios d'apports [29]. Avec cette approche, les scénarios servent à estimer l'opérateur de l'espérance mathématique dans le calcul de la fonction de Bellman. L'idée est de remplacer la distribution de probabilité par une variable hydrologique donnant le numéro du scénario d'apport. Une probabilité de réalisation est ensuite attribuée à chaque scénario, ce qui permet d'évaluer l'espérance mathématique. Dans certains cas, cette méthode donne de meilleurs résultats que la PDS puisque les structures de corrélation sont plus facilement prises en considération lors de l'optimisation [30]. Faber et Stedinger [31] ont montré que cette approche peut être utilisée pour opérer un système en temps réel lorsque l'on dispose de prévisions d'ensemble, c'est-à-dire d'un ensemble de scénarios probables générés par un modèle hydrologique ajusté à partir des conditions actuelles du bassin versant. Cette méthode est aussi très appréciée pour les études concernant l'impact des changements climatiques sur la gestion des réservoirs [32] car les scénarios peuvent être non stationnaires (la moyenne et la variance d'une période t varient d'année en année). Néanmoins, il est important de noter qu'avec cette méthode le problème de dimensionnalité de la PDS est toujours présent et, par conséquent, ne peut être utilisée pour des problèmes de grande dimension, à moins de procéder à l'agrégation du système comme l'on fait Archibald, McKinnon et al. [17].

Une technique très populaire utilisée pour résoudre les problèmes de contrôle optimal est le LQG (*Linear-Quadratic-Gaussian*). Lorsque la fonction objective est quadratique la commande peut être obtenue en résolvant l'équation de *Riccati*. Wasimi et Kitanidis [33] ainsi que McLaughlin et Velasco [34] ont appliqué ce genre de technique à des problèmes de gestion des réservoirs, mais ces approches ne sont pas appropriées puisqu'elles ne prennent pas en compte les contraintes sur les variables d'état et de commande. De plus, elles utilisent une fonction quadratique. Par contre, Georgakakos et Marks [35] ont développé une approche basée sur le LQG où les contraintes de bornes sont pénalisées dans la fonction objective avec une fonction de type barrière. L'originalité de leur approche provient du fait que l'équation de *Riccati* est plutôt utilisée sur l'approximation de Taylor d'ordre deux de la fonction objective. L'équation de *Riccati* donne alors une direction et un pas. Elle peut ainsi être appliquée en boucle jusqu'à ce que la politique de gestion converge. La politique de gestion obtenue est alors une solution locale. Par exemple, pour un problème à deux réservoirs, l'algorithme peut converger vers une solution de moins bonne qualité que celle obtenue par la PDS si le problème n'est pas convexe. La technique a tout de même été appliquée avec succès à des problèmes de gestion de plusieurs réservoirs [36, 37]

Récemment, Turgeon [1] a proposé une méthode totalement différente des autres méthodes vues précédemment. Cette méthode, appelée la méthode des trajectoires optimales, permet de solutionner un problème de gestion dont l'objectif est la maximisation de la production hydroélectrique. L'auteur a montré que pour un problème à trois réservoirs, les résultats sont comparables à ceux de la programmation dynamique et que le temps de traitement demeure raisonnable même pour un problème à 7 réservoirs. Comme cette méthode sera utilisée dans ce mémoire de recherche, elle sera présentée dans le chapitre suivant.

2.2 Méthodes implicites

Dans un tout autre ordre d'idées, les méthodes dites implicites sont celles dont la politique de gestion est construite à partir des solutions de problèmes déterministes. Par exemple, Karamouz et Houck [38] ont utilisé des scénarios d'apports pour construire des problèmes d'optimisation déterministes qui peuvent être solutionnés par des techniques de programmation non linéaire. Ces solutions sont ensuite utilisées pour effectuer des régressions linéaires sur une politique de gestion représentée par des fonctions de transfert linéaires donnant le soutirage d'un réservoir en fonction de son contenu et de l'apport prévu. Compte tenu de la nature non linéaire du problème, l'utilisation d'un modèle linéaire pour représenter la politique de gestion n'est certainement pas le meilleur choix. C'est pourquoi Raman et Chandramouli [39] ont proposé l'utilisation des réseaux de neurones. Les réseaux de neurones sont entraînés à partir de solutions déterministes et modélisent la règle de gestion en fonction du contenu, de l'apport de chaque réservoir et de la demande mensuelle. Chandramouli et Raman [40] ont présenté des résultats intéressants obtenus avec cette technique pour un système comprenant trois réservoirs. Bien que le succès de cette technique repose sur l'utilisation d'une méthode de résolution déterministe efficace et de l'entraînement d'un réseau de neurones, ceci peut devenir un obstacle majeur si on doit résoudre un problème de grande dimension au pas de temps hebdomadaire ou quotidien. De plus, comme le mentionnent Chaves et Kojiri [41], ces méthodes de régression sont ajustées à partir des données obtenues avec un algorithme déterministe. Ceci crée un problème puisque la régression modélise en quelque sorte un algorithme qui détermine un tirage en fonction d'un avenir connu avec certitude, ce qui n'est évidemment pas le cas en simulation ou dans un contexte réel.

La programmation linéaire est une méthode d'optimisation très intéressante en recherche opérationnelle puisqu'elle garantit, pour un problème réalisable de taille « raisonnable », de trouver la solution optimale globale. Cette méthode peut aussi être utilisée pour solutionner des problèmes stochastiques. Dans ce cas, on parle plutôt de programmation linéaire avec recours [42]. Bien que cette technique fût appliquée à certains problèmes de gestion des réservoirs [2], l'utilisation d'un grand nombre de scénarios dans le programme linéaire crée des modèles linéaires de très grande taille. Certains ont proposé des méthodes plus sophistiquées pour résoudre ces problèmes comme les décompositions de Benders [43] ou les méthodes de points intérieurs [44], mais celles-ci demeurent encore limitées par la taille du nombre de scénarios dans le programme linéaire.

Une autre façon de construire une méthode implicite est d'optimiser les paramètres des fonctions représentant la politique de gestion et ce directement à partir des résultats des simulations. Autrement dit, la valeur de la fonction objective devient la production hydroélectrique annuelle obtenue avec une simulation. Oliveria et Loucks [45] ont conçu un algorithme génétique (AG) qui ajuste les paramètres d'une politique de gestion linéaire selon les résultats de la simulation de cette politique. Momtahen et Dariane [46] ont aussi proposé un AG pour optimiser une politique de gestion modélisée par une série de Fourier qui donne le soutirage des réservoirs en fonction du contenu et de l'apport. L'AG optimise globalement les paramètres des séries en se basant sur les résultats des simulations. Cette méthode a l'avantage de prendre en considération, lors de l'ajustement de la politique de gestion, de toutes les données du problème telles que la hauteur de chute et la corrélation des apports. Chaves et Kojiri [41] ont proposé une approche similaire où la politique de gestion est modélisée par un réseau de neurones et ajustée par un algorithme génétique. Le désavantage de ce genre d'approche est que chaque évaluation de la fonction objective nécessite la simulation d'une politique de gestion, ce qui demande un temps de calcul important. De plus, la fonction objective devient clairement non dérivable, ce qui restreint le choix de l'algorithme d'optimisation.

CHAPITRE 3 MÉTHODE DES TRAJECTOIRES SANS DEMANDE

La méthode des trajectoires optimales (MTO) est utilisée ici pour résoudre le problème d'optimisation de la gestion d'un ensemble de complexes hydroélectriques situés sur une rivière. L'objectif est de maximiser la génération annuelle moyenne. Cette méthode, conçue par Turgeon [1], repose sur un principe bien simple stipulant qu'il est préférable d'augmenter le contenu d'un réservoir tant et aussi longtemps que le gain de production due à l'augmentation de la hauteur de chute est plus grand que les pertes causées par les déversements, si déversements il y a.

Ce chapitre est entièrement consacré à la présentation de la MTO puisqu'elle est au cœur de la nouvelle approche proposée dans cette thèse. La première section explique comment appliquer la MTO à un problème d'un seul réservoir. Dans la section suivante, nous généralisons la méthode à plusieurs réservoirs. La dernière section présente les détails de la politique de gestion de la MTO utilisée pour gérer en temps réel ou simuler la gestion d'un système de plusieurs réservoirs.

3.1 Système avec un réservoir

Une trajectoire est une suite de valeurs de référence $\mathbf{s}_1^{(trj)} = \left\{ s_{1,1}^{(trj)}, s_{1,2}^{(trj)}, \ldots, s_{1,t}^{(trj)}, s_{1,t+1}^{(trj)}, \ldots, s_{1,T-1}^{(trj)}, s_{1,T}^{(trj)} \right\}$ où $s_{i,t}^{(trj)}$ correspond à un contenu de référence pour le réservoir i à la période t. Cette valeur sert de guide pour l'ajustement du contenu de ce réservoir. Cette trajectoire est dite optimale si l'espérance de la production hydroélectrique est maximisée lorsque le niveau du réservoir se maintient sur cette trajectoire chaque année. On désignera cette trajectoire optimale par $\mathbf{s}_1^{(opt)}$. L'objectif de la MTO (dans le cas d'un système à un seul réservoir) est de trouver la trajectoire optimale en se basant sur un ensemble de scénarios d'apport.

Posons tout d'abord le lemme suivant:

Lemme 3.1 *Soit* $\mathbf{q}_1^m = \{q_{1,1}^m, q_{1,2}^m, \ldots, q_{1,T}^m\}$ *le scénario d'apport* m *pour lequel le contenu du réservoir 1 est égal ou inférieur à:*

$$s_{1,t} \leq \min\left(s_1^{max}, s_{1,t+1} + u_1^{max} - q_{1,t}^m\right) \qquad (26)$$

à chaque pas de temps. Alors il existe un soutirage $\mathbf{u}_1 = \{u_{1,1}, u_{1,2}, \ldots, u_{1,t}, \ldots, u_{1,T}\}$ *pour ce scénario pour lequel il n'y a aucun déversement.*

Démonstration : La démonstration de ce lemme repose essentiellement sur l'équation d'état du réservoir 1 donnée par:

$$s_{1,t+1} = s_{1,t} + q_{1,t}^m - u_{1,t} - v_{1,t} \qquad (27)$$

Si le contenu du réservoir satisfait l'équation (26), alors il y a deux cas possibles à traiter :

<u>Premier cas</u> :

$$s_{1,t} \leq s_{1,t+1} + u_1^{max} - q_{1,t}^m \qquad (28)$$

En multipliant (28) par -1 et en remplaçant le résultat dans (27) on obtient alors :

$$s_{1,t+1} \geq s_{1,t} - u_1^{max} + q_{1,t}^m \qquad (29)$$
$$s_{1,t} + q_{1,t}^m - u_{1,t} - v_{1,t} \geq s_{1,t} - u_1^{max} + q_{1,t}^m \qquad (30)$$
$$u_{1,t} + v_{1,t} \leq u_1^{max} \qquad (31)$$

Le déversement peut donc être nul.

<u>Deuxième cas</u> :

$$s_{1,t} \leq s_1^{max} \qquad (32)$$

En insérant (32) dans (27) on obtient la relation suivante :

$$s_{1,t+1} - q_{1,t}^m + u_{1,t} + v_{1,t} \leq s_1^{max} \qquad (33)$$

Par contre, si l'équation (26) est satisfaite, nous avons :

$$s_{1,t+1} + u_1^{\max} - q_{1,t}^m \geq s_1^{\max} \tag{34}$$

De (33) et (34) on obtient les relations suivantes :

$$s_{1,t+1} - q_{1,t}^m + u_{1,t} + v_{1,t} \leq s_1^{\max} \leq s_{1,t+1} + u_1^{\max} - q_{1,t}^m \tag{35}$$

$$s_{1,t+1} - q_{1,t}^m + u_{1,t} + v_{1,t} \leq s_{1,t+1} + u_1^{\max} - q_{1,t}^m \tag{36}$$

$$u_{1,t} + v_{1,t} \leq u_1^{\max} \tag{37}$$

Le déversement peut de nouveau être nul.

◊

Le lemme 3.1 permet de construire une trajectoire $\mathbf{s}_1^{(m)}$ à partir de laquelle on peut opérer et ne jamais déverser. En effet, si on pose $s_{1,T}^{(m)} = s_1^{\max}$ puis résout l'équation suivante pour $t=T-1, T-2, ..., 1$:

$$s_{1,t}^{(m)} = \min\left(s_1^{\max}, s_{1,t+1}^{(m)} + u_1^{\max} - q_{1,t}^m\right) \tag{38}$$

La politique de gestion suivante sera toujours réalisable :

$$u_{1,t} = \min\left(u_1^{\max}, \max\left(0, s_{1,t} - s_{1,t+1}^{(m)} + q_{1,t}^m\right)\right) \tag{39}$$

et alors il n'y aura jamais de déversement. Toutefois cela n'est vrai que pour le scénario m. Maintenant si on considère un ensemble de M scénarios d'apport et fixe :

$$s_{1,T}^{(m)} = s_1^{\max}, \forall\, m = 1, 2, \ldots, M \tag{40}$$

il devient possible de résoudre l'équation (38) pour chacun des M scénarios et ainsi déterminer un ensemble de M trajectoires (voir Figure 3.1 page suivante). Pour identifier une trajectoire unique utilisable pour l'ensemble des scénarios, il suffit de prendre l'enveloppe inférieure de ces trajectoires (Figure 3.1). Dans ce cas, on aura identifié une seule trajectoire pour laquelle il n'y aura jamais de déversement lorsqu'on simulera le système avec les M scénarios d'apports. Plus précisément, cette enveloppe est obtenue avec la trajectoire suivante:

$$\mathbf{s}_1^{(\text{env})} = \left\{ \min_{m=1,2,\ldots,M} \left(s_{1,t}^{(m)} \right) : t = 1, 2, \ldots, T \right\} \tag{41}$$

La politique de gestion suivante peut ensuite être appliquée à tous les scénarios:

$$u_{1,t} = \min\left(u_1^{\max}, \max\left(0, s_{1,t} - s_{1,t+1}^{(\text{env})} + q_{1,t}^m \right) \right) \tag{42}$$

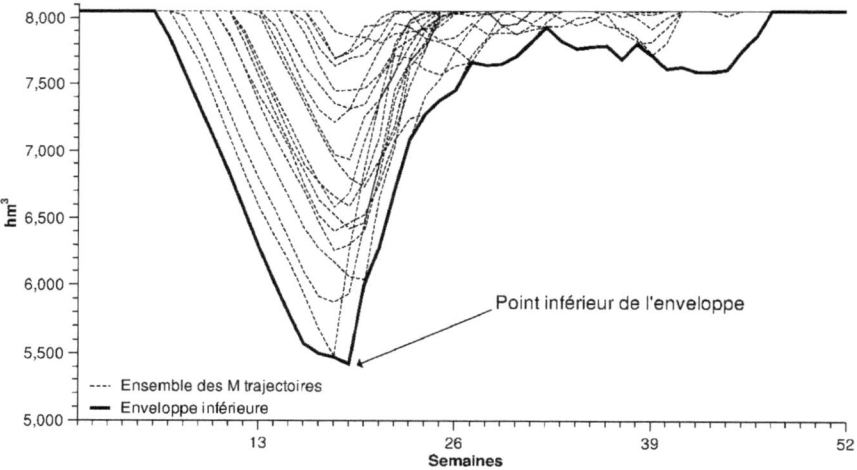

Figure 3.1 Exemple d'un ensemble de trajectoires et d'une enveloppe inférieure

On peut voir dans la Figure 3.1 que l'enveloppe inférieure correspond à la trajectoire la plus basse que l'on peut obtenir avec les scénarios. Ceci est normal puisque cette trajectoire minimise la quantité d'eau déversée. En revanche, comme la production hydroélectrique dépend de la hauteur de chute, la production annuelle moyenne ne sera pas nécessairement optimale même si le déversement est minimisé. L'objectif de la MTO est d'élever la trajectoire

$s_{1,t}^{(env)}$ tant et aussi longtemps que le gain dû à la hauteur de chute est supérieur à la perte causée par l'augmentation du déversement.

Lorsqu'on élève la trajectoire $s_{1,t}^{(env)}$, il y aura nécessairement une quantité d'eau déversée. Cette quantité d'eau peut être calculée en appliquant la politique de gestion suivante:

$$u_{1,t} = \min\left(u_1^{\max}, \max\left(0, s_{1,t} - s_{1,t+1}^{(env)} + q_{1,t}^m\right)\right) \quad (43)$$

$$v_{1,t} = \max\left(0, s_{1,t} + q_{1,t} - u_{1,t} - s_1^{\max}\right) \quad (44)$$

La procédure consiste donc à simuler le système avec la politique de gestion donnée par les équations (43)-(44) pour chacun des M scénarios. Lors de la simulation, on enregistre les informations nécessaires pour le calcul de la production hydroélectrique annuelle moyenne. Celle-ci est déterminée par l'équation suivante :

$$G^* = \frac{1}{M}\sum_{m=1}^{M}\sum_{t=1}^{T} P_1\left(s_{1,t}^m, s_{1,t+1}^m, u_{1,t}^m\right) \quad (45)$$

Pour élever la trajectoire enveloppe, on enlève le scénario correspondant au point inférieur de cette trajectoire (voir Figure 3.1, page 32). On détermine ensuite la nouvelle enveloppe avec l'équation (41) mais cette fois en utilisant les M-1 trajectoires. Ceci aura pour effet de hausser l'enveloppe inférieure et ainsi augmenter le déversement. En revanche, la hauteur de chute moyenne augmentera. On peut quantifier l'effet de cette modification en simulant de nouveau le système avec la politique de gestion des équations (43)-(44), mais avec la nouvelle enveloppe. On obtient la trajectoire optimale $\mathbf{s}^{(opt)}$ en répétant cette procédure tant et aussi longtemps que la production annuelle moyenne augmente.

Avant de passer à un système de plusieurs réservoirs, deux points importants sont à considérer. Premièrement, il est possible que le déversement soit inévitable quelle que soit la politique de gestion utilisée. Cette situation peut arriver lors d'une crue printanière exceptionnelle. Dans ce cas, l'enveloppe inférieure aura des valeurs négatives, ce qui est non réalisable. Il s'en suit que l'enveloppe inférieure initiale devrait plutôt être déterminée par l'équation suivante:

$$\mathbf{s}_1^{(\text{env})} = \left\{ \min_{m=1,2,\ldots,M} \left(s_{1,t}^{(m)} : s_{1,t}^{(m)} \geq 0 \right) : t = 1, 2, \ldots, T \right\} \tag{46}$$

Deuxièmement, lors de l'ajustement de la trajectoire optimale il est préférable d'enlever plus d'une trajectoire à la fois. En d'autres termes, identifier un ensemble de points inférieurs appartenant à des trajectoires différentes. Deux raisons justifient cette approche. Tout d'abord, cela réduit considérablement le temps de calcul puisqu'à chaque retrait d'une trajectoire, on doit simuler le système en utilisant tous les M scénarios d'apport. Mais la principale raison est que cela réduit les chances de converger vers un maximum local. La Figure 3.2 de la page 35 illustre ce phénomène. Cette figure montre la production annuelle obtenue en simulant le système sur les M scénarios d'apport en fonction du nombre de trajectoires retirées pour calculer l'enveloppe. On voit clairement que si l'algorithme s'arrête dès que la production diminue, on ne trouvera pas le maximum global. Pour augmenter les chances de trouver ce maximum on doit, par exemple, retirer 50 trajectoires à la fois et arrêter lorsque la production diminue. On a alors identifié un ensemble de 50 trajectoires contenant un maximum local. On recommence la procédure en retirant cette fois 10 trajectoires mais en considérant seulement la plage couverte par les 50 trajectoires identifiées ultérieurement. On recommence ainsi cette procédure jusqu'à ce qu'on identifie un maximum en retirant uniquement une trajectoire à la fois.

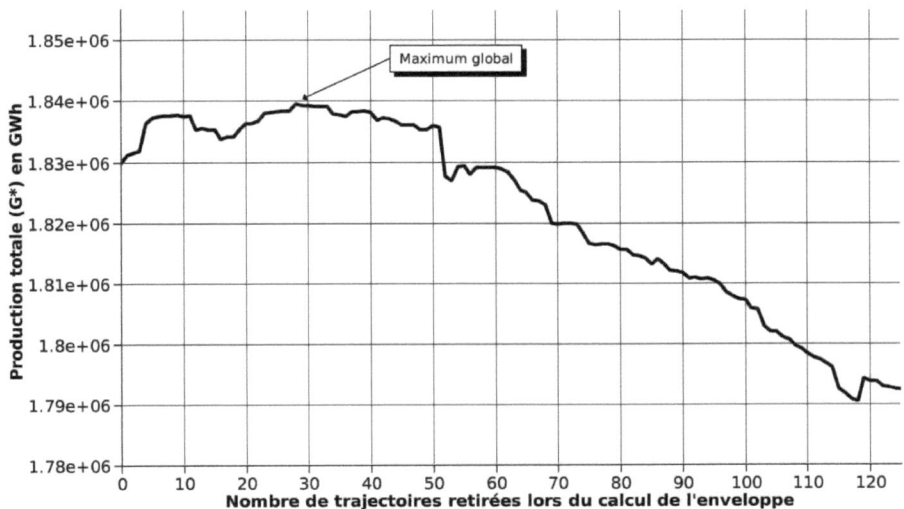

Figure 3.2 Production totale en fonction du nombre de trajectoires retirées.

3.2 Système avec plusieurs réservoirs

Turgeon [1] a montré que la méthode des trajectoires peut se généraliser à plusieurs réservoirs sur une même rivière. La principale différence est qu'il faut calculer des trajectoires pour chaque réservoir et aussi pour chaque combinaison de deux réservoirs adjacents, trois réservoirs adjacents, et ainsi de suite. Il est facile de justifier l'ajout de ces trajectoires en considérant, par exemple, un système de deux réservoirs en série :

Lemme 3.2 *Soit* $\mathbf{q}_1^m$ *et* $\mathbf{q}_2^m$ *le scénario d'apport m aux réservoirs 1 et 2 respectivement (le réservoir 1 est en amont du réservoir 2) pour lesquels le contenus des réservoirs 1 et 2 sont inférieurs ou égaux à :*

$$s_{1,t} \leq \min\left(s_1^{\max}, s_{1,t+1} + u_1^{\max} - q_{1,t}^m\right) \tag{47}$$

$$s_{2,t} \leq \min\left(s_2^{\max}, s_{2,t+1} + u_2^{\max} - q_{2,t}^m\right) \tag{48}$$

$$\hat{s}_{1,2,t} \leq \min\left(\hat{s}_{1,2}^{\max}, \hat{s}_{1,2,t+1} + u_2^{\max} - \hat{q}_{1,2,t}^{m}\right) \qquad (49)$$

où

$$\hat{s}_{1,2,t} = \sum_{i=1}^{2} s_{i,t}, \quad \hat{q}_{1,2,t}^{m} = \sum_{i=1}^{2} q_{i,t}^{m}, \quad \hat{s}_{1,2}^{\max} = \sum_{i=1}^{2} s_i^{\max} \qquad (50)$$

à chaque période, alors il existe des soutirages $\mathbf{u}_1$ *et* $\mathbf{u}_2$ *pour ce scénario pour lequel il n'y a aucun déversement.*

Démonstration : Pour le réservoir en amont la preuve a déjà été faite. Si l'équation (47) est satisfaite il n'y aura jamais de déversement à ce réservoir. De plus, si $u_{1,t} = 0$ l'équation (49) nous assure qu'il n'y aura jamais de déversement au réservoir 2. Le dernier cas est lorsque $u_{1,t} > 0$. Pour un système de deux réservoirs, l'équation d'état pour le réservoir 2 est :

$$s_{2,t+1} = s_{2,t} + q_{2,t}^{(m)} + u_{1,t} - u_{2,t} - v_{2,t} \qquad (51)$$

Comme il n'y a pas de déversement au réservoir 1, on obtient, à partir de l'équation d'état du réservoir 1, que :

$$u_{1,t} = s_{1,t} - s_{1,t+1} + q_{1,t}^{(m)} \qquad (52)$$

En remplaçant (52) dans (51) et en utilisant les changements de variables (50) on obtient l'équation suivante :

$$s_{2,t+1} + s_{1,t+1} = s_{2,t} + s_{1,t} + q_{2,t}^{(m)} + q_{1,t}^{(m)} - u_{2,t} - v_{2,t} \qquad (53)$$

$$\hat{s}_{1,2,t+1} = \hat{s}_{1,2,t} + \hat{q}_{1,2,t}^{(m)} - u_{2,t} - v_{2,t} \qquad (54)$$

À ce stade, la démonstration est similaire à celle du lemme 3.1. La seule différence est que le réservoir à considérer est le réservoir agrégé $\hat{s}_{1,2,t}$. Comme l'équation (49) est respectée on a :

Premier cas :

$$\hat{s}_{1,2,t} \leq \hat{s}_{1,2,t+1} + u_2^{\max} - \hat{q}_{1,2,t}^{m} \tag{55}$$

De l'équation (55) et de l'équation d'état (54), on obtient que

$$\hat{s}_{1,2,t+1} = \hat{s}_{1,2,t} + \hat{q}_{1,2,t}^{(m)} - u_{2,t} - v_{2,t} \geq \hat{s}_{1,2,t} - u_2^{\max} + \hat{q}_{1,2,t}^{m} \tag{56}$$

$$u_{2,t} + v_{2,t} \leq u_2^{\max} \tag{57}$$

Le déversement peut donc être nul.

Deuxième cas :

$$\hat{s}_{1,2,t+1} + u_2^{\max} - \hat{q}_{1,2,t}^{m} \geq \hat{s}_{1,2}^{\max} \tag{58}$$

$$\hat{s}_{1,2,t} \leq \hat{s}_{1,2}^{\max} \tag{59}$$

En utilisant les équations (58), (59) et l'équation d'état (54) on obtient finalement que :

$$\hat{s}_{1,2,t+1} - \hat{q}_{1,2,t}^{m} + u_{2,t} + v_{2,t} \leq s_1^{\max} \leq \hat{s}_{1,2,t+1} + u_2^{\max} - \hat{q}_{1,2,t}^{m} \tag{60}$$

$$\hat{s}_{1,2,t+1} - \hat{q}_{1,2,t}^{m} + u_{2,t} + v_{2,t} \leq \hat{s}_{1,2,t+1} + u_2^{\max} - \hat{q}_{1,2,t}^{m} \tag{61}$$

$$u_{2,t} + v_{2,t} \leq u_2^{\max} \tag{62}$$

Le déversement peut donc être nul.

$\Diamond$

Pour un système de deux réservoirs en série, les trajectoires optimales $\mathbf{s}_1^{(opt)}$ et $\mathbf{s}_2^{(opt)}$ peuvent être déterminées avec la même procédure que celle de la section précédente. Plus précisément, pour chaque réservoir on identifie un ensemble de M trajectoires en résolvant à rebours l'équation suivante pour le réservoir 1 :

$$s_{1,t}^{(m)} = \min\left(s_1^{\max}, s_{1,t+1} + u_1^{\max} - q_{1,t}^m\right) \tag{63}$$

et l'équation qui suit pour le réservoir 2 :

$$s_{2,t}^{(m)} = \min\left(s_2^{\max}, s_{2,t+1} + u_2^{\max} - q_{2,t}^m\right) \tag{64}$$

Ensuite, on détermine l'enveloppe inférieure de ces trajectoires, puis on hausse cette enveloppe tant et aussi longtemps que la production annuelle moyenne du réservoir augmente.

On procède de la même façon pour la trajectoire $\hat{s}_{1,2}^{(opt)}$ en calculant, toujours à rebours, les M trajectoires suivantes:

$$\hat{s}_{1,2,t}^{(m)} = \min\left(\hat{s}_{1,2}^{\max}, \hat{s}_{1,2,t+1} + u_2^{\max} - \hat{q}_{1,2,t}\right) \tag{65}$$

Par contre, il est impossible d'utiliser une politique de gestion similaire à celle utilisée pour les réservoirs 1 et 2 car au départ on ne sait pas comment répartir le contenu $\hat{s}_{1,2,t}$ entre les deux réservoirs. Pour effectuer cette répartition, Turgeon [1] a proposé de résoudre un problème d'optimisation qui, pour le cas de deux réservoirs en série, est le suivant:

Maximiser la fonction :

$$\sum_{i=1}^{2} h_i\left(s_{i,t+1}\right) g_i\left(u_{i,t+1}^{moy}\right) - b\left(v_{1,t}, v_{2,t}, w_1, w_2, w_3\right) \tag{66}$$

sujet aux contraintes :

$$s_{1,t+1} = s_{1,t} - u_{1,t} + v_{1,t} \tag{67}$$

$$s_{2,t+1} = s_{2,t} + u_{1,t} + v_{1,t} - u_{2,t} - v_{2,t} \tag{68}$$

$$s_{1,t+1} + s_{2,t+1} - w_3 \leq \hat{s}_{1,2,t+1}^{(env)} \tag{69}$$

$$s_{i,t+1} - w_i \leq s_{i,t+1}^{(opt)} \quad \forall\, i = 1, 2 \tag{70}$$

$$0 \leq s_{i,t+1} \leq s^{\max_{i,t+1}} \quad \forall\, i = 1, 2 \tag{71}$$

$$0 \leq u_{i,t} \leq u_i^{\max} \quad \forall\, i = 1, 2 \tag{72}$$

$$0 \leq v_{i,t} \quad \forall\, i = 1, 2 \tag{73}$$

$$0 \leq w_{i,t} \quad \forall\, i = 1, 2, 3 \tag{74}$$

où $u_{i,t+1}^{moy}$ est l'apport moyen au réservoir i à la période $t+1$ et où $b(\ )$ est une fonction servant à pénaliser les déversements et les dépassements de trajectoires:

$$b\left(v_{1,t}, v_{2,t}, w_1, w_2, w_3\right) = \beta_1 \left(v_{1,t}^2 + v_{2,t}^2\right) + \beta_2 \left(w_1^2 + w_2^2 + w_3^2\right) \tag{75}$$

où $\beta_2 < \beta_1$

La fonction objective de ce problème consiste à séparer la hauteur de chute des deux réservoirs le plus efficacement possible. Pour ce faire, il est important de prendre en compte l'apport moyen dans la fonction objective. À titre d'exemple, supposons que les hauteurs de chute des deux réservoirs sont similaires. Il est alors plus avantageux d'augmenter la hauteur de chute du réservoir ayant le plus grand apport car de cette façon on pourra produire plus d'énergie dans la période $t+1$. Les contraintes du problème servent à respecter la dynamique de l'écoulement de l'eau et à suivre les trajectoires. En revanche, comme $\beta_2 < \beta_1$, on accepte dans certains cas d'aller au dessus des trajectoires si cela permet d'éviter un déversement inutile.

Il est important de noter que la solution du problème défini par les équations (66)-(74) nécessite que l'on connaisse la valeur des trajectoires optimales des réservoirs uniques. L'ordre auquel on procède pour le calcul des trajectoires optimales est donc très important. Par exemple, pour un système de trois réservoirs en série, l'algorithme se résumerait ainsi:

1. Considérer le réservoir 1 comme étant le seul réservoir de la vallée, utiliser les scénarios d'apports $\mathbf{q}_1^{(m)}$ pour déterminer $\mathbf{s}_1^{(\mathrm{opt})}$.
2. Considérer le réservoir 2 comme étant le seul réservoir de la vallée, utiliser les scénarios d'apports $\mathbf{q}_2^{(m)}$ pour déterminer $\mathbf{s}_2^{(\mathrm{opt})}$.
3. Considérer le réservoir 3 comme étant le seul réservoir de la vallée, utiliser les scénarios d'apports $\mathbf{q}_3^{(m)}$ pour déterminer $\mathbf{s}_3^{(\mathrm{opt})}$.
4. Considérer le réservoir agrégé 1,2 comme étant le seul réservoir de la vallée, utiliser les scénarios d'apports $\hat{\mathbf{q}}_{1,2}^{m}$ pour déterminer $\hat{\mathbf{s}}_{1,2}^{(\mathrm{opt})}$.
5. Considérer le réservoir agrégé 2,3 comme étant le seul réservoir de la vallée, utiliser les scénarios d'apports $\hat{\mathbf{q}}_{2,3}^{m}$ pour déterminer $\hat{\mathbf{s}}_{2,3}^{(\mathrm{opt})}$.
6. Considérer le réservoir agrégé 1,2,3 comme étant le seul réservoir de la vallée, utiliser les scénarios d'apports $\hat{\mathbf{q}}_{1,2,3}^{m}$ pour déterminer $\hat{\mathbf{s}}_{1,2,3}^{(\mathrm{opt})}$

Pour un système de N réservoirs en série, on aura donc $R = N(N+1)/2$ trajectoires optimales à déterminer. Il est possible de résoudre d'autres types de configuration comme, par exemple, celui montré dans la Figure 3.3 de la page 41. Dans ce cas, on devra déterminer 4 trajectoires uniques en plus des trajectoires agrégées pour le réservoir 1,2, le réservoir 2,4, le réservoir 3,4, le réservoir 1,2,4 et finalement le réservoir 1,2,3,4. Le problème d'optimisation servant à diviser une hauteur de chute agrégée peut se généraliser à un système de N réservoirs :

Maximiser la fonction :

$$\sum_{i=1}^{N} h_i\left(s_{i,t+1}\right) g_i\left(u_{i,t+1}^{\mathrm{moy}}\right) - b\left(\mathbf{v}_t, \mathbf{w}\right) \qquad (76)$$

sujet aux contraintes :

$$s_{i,t+1} = s_{i,t} + qc_{i,t} - u_{i,t} - v_{i,t} \quad \forall\, i = 1, 2, \ldots, N \qquad (77)$$

$$qc_{i,t} = q_{i,t} + \sum_{j\in\Gamma_i}\{u_{j,t}+v_{j,t}\} \quad \forall\, i=1,2,\ldots,N \qquad (78)$$

$$\sum_{j\in\Theta_k} s_{j,t+1} \le s_{k,t+1}^{(\text{opt})} \quad \forall\, k=1,2,\ldots,R \qquad (79)$$

$$0 \le s_{i,t+1} \le s_i^{\max}, \quad \forall\, i=1,2,\ldots,N \qquad (80)$$

$$0 \le u_{i,t} \le u_i^{\max}, \quad \forall\, i=1,2,\ldots,N \qquad (81)$$

$$0 \le v_{i,t}, \quad \forall\, i=1,2,\ldots,N \qquad (82)$$

où R est le nombre total de réservoirs à considérer (incluant ceux agrégés) et où Θ_k représente l'ensemble des réservoirs qui ont été agrégés pour donner le réservoir k.

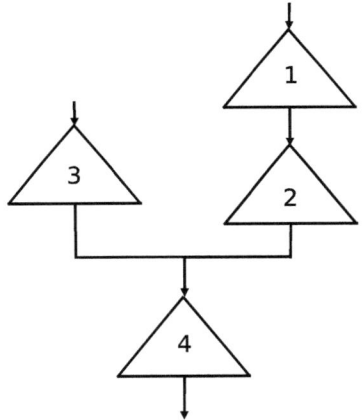

Figure 3.3 Exemple d'un système de 4 réservoirs

3.3 Calcul de la politique de gestion

Lorsque toutes les trajectoires optimales ont été ajustées, incluant les trajectoires des systèmes agrégés, la politique de gestion utilisée pour simuler le système consiste simplement à résoudre le problème comprenant les équations (76)-(82) à chaque période afin d'obtenir le soutirage des réservoirs. La résolution de ce problème doit donc se faire efficacement puisqu'on aura à résoudre de nombreuses instances de ce problème tout au long de la simulation et de l'ajustement des trajectoires. Cette section présente la méthode qui a été utilisée dans ce travail de recherche pour résoudre ce problème d'optimisation.

Le problème (76)-(82) possède deux caractéristiques importantes permettant de construire une méthode de solution efficace.

Propriété 3.1 *Le problème (76)-(82) est toujours réalisable quelques soient les contenus en début de période et les apports prévus.*

Démonstration : La stratégie utilisée pour démontrer cette propriété consiste à déterminer une solution réalisable en fixant le contenu des réservoirs en fin de période le plus près possible des trajectoires optimales non agrégées sans jamais les dépasser. Cette stratégie pourra donc servir de phase d'initialisation à un éventuel algorithme d'optimisation.

Commençons tout d'abord par le réservoir en amont. Si on veut fixer le contenu en fin de période le plus près possible de la trajectoire optimale, deux cas sont à considérer.

Premier cas: si l'apport naturel prévu est insuffisant pour atteindre la trajectoire optimale, on aura :

$$s_{1,t+1} = s_{1,t} + q_{1,t}, \quad u_{1,t} = 0, \quad v_{1,t} = 0 \tag{83}$$

Deuxième cas: l'apport naturel est suffisant pour atteindre la trajectoire optimale. Dans ce cas on obtiendra:

$$s_{1,t+1} = s_{1,t+1}^{(opt)} \tag{84}$$

$$u_{1,t} = \min\left(u_1^{\max}, (s_{1,t} + q_{1,t}) - s_{1,t+1}^{(opt)}\right) \tag{85}$$

$$v_{1,t} = \max\left(0, ((s_{1,t} + q_{1,t}) - s_{1,t+1}^{(opt)}) - u_1^{\max}\right) \tag{86}$$

On peut ensuite calculer les contenus des autres réservoirs en fin de période de la même façon, c'est-à-dire en procédant de l'amont vers l'aval. La différence est que l'on doit considérer l'apport cumulé :

$$qc_{i,t} = q_{i,t} + \sum_{j\in\Gamma_i}\{u_{j,t} + v_{j,t}\} \qquad (87)$$

Ici encore nous aurons deux cas :

Premier cas : si l'apport cumulé est insuffisant pour atteindre la trajectoire optimale, alors on aura :

$$s_{i,t+1} = s_{i,t} + qc_{i,t} \qquad (88)$$

$$u_{i,t} = v_{i,t} = 0 \qquad (89)$$

Deuxième cas: l'apport cumulé est suffisant pour atteindre la trajectoire optimale. Dans ce cas on aura :

$$s_{i,t+1} = s_{i,t+1}^{(opt)} \qquad (90)$$

$$u_{i,t} = \min\left(u_i^{\max}, (s_{i,t} + qc_{i,t}) - s_{i,t+1}^{(opt)}\right) \qquad (91)$$

$$v_{i,t} = \max\left(0, ((s_{i,t} + qc_{i,t}) - s_{i,t+1}^{(opt)}) - u_i^{\max}\right) \qquad (92)$$

Les contraintes de suivi des trajectoires agrégées peuvent ensuite facilement être évaluées. Ces contraintes seront toujours respectées puisque les variables w seront ajustées à posteriori selon les contenus en fin de périodes. Cette démarche fonctionne toujours puisqu'il n'y a pas de limite supérieure sur les quantités d'eau déversées v et sur les variables w.

◊

La deuxième propriété est sans aucun doute la plus importante des deux et fait du problème un problème d'optimisation très facile à résoudre.

Propriété 3.2 *Tout maximum local du problème (76)-(82) est aussi un maximum global.*

Démonstration : Notons premièrement que la fonction objective du problème est concave. Chaque fonction h_i est concave de même que la fonction de pénalité $b(\ )$. Le résultat d'une somme de fonctions concaves donne aussi une fonction concave. De plus, toutes les contraintes sont linéaires. Par conséquent, l'ensemble des solutions réalisables forment un ensemble convexe.

Pour simplifier la notation, on désignera la fonction objective par $f(\mathbf{x})$ et l'ensemble des solutions réalisables par Ω.

Soit $\mathbf{x}^*$ un maximum local. Si $\mathbf{x}^*$ n'est pas un maximum global, alors il existe nécessairement une autre solution $\mathbf{z}^*$ telle que :

$$f(\mathbf{z}^*) > f(\mathbf{x}^*) \tag{93}$$

Comme $\mathbf{x}^*$ est un maximum local il existe une valeur ϵ telle que :

$$f(\mathbf{x}^*) > f(\mathbf{y}) \quad \forall\, \mathbf{y} \in \mathcal{B}(\mathbf{x}^*, \epsilon) \tag{94}$$

où $\mathcal{B}(\mathbf{x}^*, \epsilon)$ est une hypersphère centrée en $\mathbf{x}^*$ de rayon ϵ.

De plus, comme Ω est convexe, il est possible de représenter $\mathbf{y}$ par une combinaison convexe des solutions $\mathbf{x}^*$ et $\mathbf{z}^*$. En particulier, il existe une valeur $\lambda \in [0,1]$ telle que :

$$\mathbf{y} = \lambda \mathbf{x}^* + (1-\lambda)\mathbf{z}^* \in \mathcal{B}(\mathbf{x}^*, \epsilon) \tag{95}$$

Le résultat (95) et le fait que la fonction objective est concave donne :

$$f(\mathbf{y}) = f(\lambda \mathbf{x}^* + (1-\lambda)\mathbf{z}^*) > \lambda f(\mathbf{x}^*) + (1-\lambda) f(\mathbf{z}^*) > f(\mathbf{x}^*) \tag{96}$$

ce qui contredit le fait que $\mathbf{x}^*$ est un maximum local. La solution $\mathbf{x}^*$ doit donc être un maximum global.

$\Diamond$

Cette propriété est très importante. D'un point de vue pratique, cela signifie que n'importe quel algorithme d'optimisation convergera toujours à une solution optimale globale du problème. Peu importe si la méthode de solution est une heuristique ou une méthode de programmation mathématique classique, les résultats obtenus par la méthode des trajectoires optimales suite à une simulation seront les mêmes. Évidemment, cette propriété repose essentiellement sur la concavité de la fonction de hauteur de chute. Néanmoins, cela confère à la méthode un avantage majeur: la non-convexité de la fonction de production hydroélectrique $p_i(s_{i,t}, s_{i,t+1}, u_{i,t})$ n'est pas un problème contrairement à la programmation dynamique où on doit calculer la fonction de Bellman définie par:

$$F_t(\mathbf{s}_t) = \underset{\mathbf{q}_t}{\mathrm{E}} \left\{ \max \left[\sum_{i=1}^{N} p_i \left(s_{i,t}, s_{i,t+1}, u_{i,t} \right) + F_{t+1}\left(\mathbf{s}_{t+1} \right) \right] \right\} \qquad (97)$$

Cette fonction nécessite l'optimisation successive d'une série de problèmes d'optimisation. Ces problèmes d'optimisation sont de taille similaire à ceux utilisés dans la méthode des trajectoires. Par contre, la fonction objective de ces problèmes est non convexe puisque la fonction de production ainsi que la fonction $F_t(\ )$ sont non convexes. Cela rend beaucoup plus difficile la résolution de ces problèmes puisqu'il peut exister des maximums locaux qui ne sont pas globaux.

Il existe de nombreuses méthodes permettant de résoudre le problème d'optimisation (76)-(82). En revanche, pour être efficace la méthode de solution doit tenir compte des propriétés du problème d'optimisation. Tout d'abord, le problème d'optimisation est un problème de petite taille et il est facile de déterminer une solution initiale réalisable. Les méthodes du type points intérieurs ne sont donc pas de bons candidats. Ces méthodes sont surtout efficaces pour solutionner des problèmes de grande dimension [47].

Comme le problème d'optimisation est convexe, la matrice des dérivées secondes du lagrangien est toujours définie positive. On peut alors envisager l'utilisation d'une méthode de type Newton comme la programmation quadratique séquentielle (PQS). Cette méthode consiste à solutionner le problème en partant d'une solution réalisable et en résolvant une série de problèmes quadratiques afin de calculer des directions menant à un maximum local. Par exemple, supposons que l'on ait à résoudre le problème suivant:

$$\max_{\mathbf{x}} f(\mathbf{x}) \quad \text{sujet à } \mathbf{A}\mathbf{x} + \mathbf{b} = 0 \qquad (98)$$

à partir d'une solution réalisable de départ $\mathbf{x}_k$. Dans ce cas on obtient une nouvelle solution réalisable $\mathbf{x}_{k+1} = \mathbf{x}_k + \mathbf{p}_k$ en résolvant le problème quadratique suivant:

$$\max_{\mathbf{p}_k} f(\mathbf{x}_k) + \nabla f(\mathbf{x}_k)^T \mathbf{p}_k + \frac{1}{2} \mathbf{p}_k^T \nabla^2 f(\mathbf{x}_k) \mathbf{p}_k \quad \text{sujet à } \mathbf{A}\mathbf{p}_k = 0 \quad (99)$$

Ce problème est très facile à résoudre, surtout dans le cas où la matrice des dérivées secondes $\nabla^2 f(\mathbf{x}_k)$ est définie positive comme c'est le cas pour le problème d'optimisation (76)-(82). Dans ce contexte, la solution du problème quadratique (99) est obtenue directement à l'aide des conditions de Karush-Kuhn-Tucker (voir annexe 1 pour la définition de ces conditions) qui, dans ce cas particulier, sont données par la solution du système linéaire suivant:

$$\begin{bmatrix} \nabla^2 f(\mathbf{x}_k) & -\mathbf{A}^T \\ \mathbf{A} & 0 \end{bmatrix} \begin{bmatrix} \mathbf{p}_k \\ \lambda_{k+1} \end{bmatrix} = \begin{bmatrix} -\nabla f(\mathbf{x}_k) \\ 0 \end{bmatrix} \quad (100)$$

où λ_{k+1} sont les multiplicateurs de Lagrange associés à la nouvelle solution $\mathbf{x}_{k+1}$. La méthode de solution peut donc être représentée par ces 4 grandes étapes:

1. Choisir une solution initiale $(\mathbf{x}_0, \lambda_0)$, et poser $k = 0$;
2. Si $\|\nabla f(\mathbf{x}_k) + A^T \lambda_k\| \le \epsilon$, fin
3. Résoudre le problème (99) pour obtenir $\mathbf{p}_k$ et λ_{k+1}
4. Poser $\mathbf{x}_{k+1} = \mathbf{x}_k + \mathbf{p}_k$, $k = k+1$ et retour en 2.

L'étape 2 consiste essentiellement à déterminer si les conditions de KKT sont satisfaites pour le problème original. Lorsque le problème d'optimisation possède des contraintes d'inégalité, on peut facilement adapter la méthode. Les problèmes quadratiques à résoudre deviennent alors des problèmes quadratiques avec contraintes d'inégalité. Puisque le problème original est de petite taille, ces problèmes sont facilement solutionnés par une approche de type activation de contraintes (*Active Set Method*). De plus, comme ce type de problème est régulièrement rencontré en programmation mathématique, il existe de nombreux codes non commerciaux disponibles qui sont très efficaces [48]. Nous avons donc utilisé le code VE19 de la libraire

Harwell produite par les membres du groupe de recherche *Numerical Analysis Group* [49] pour solutionner les problèmes quadratiques générés par la méthode PQS. L'algorithme de la PQS utilisé dans ce travail est fortement inspiré de l'algorithme 18.3 du livre de Nocedal et Wright [47, p.545]. Tous les détails parfois techniques, qui doivent être pris en considération lors de l'implémentation de la
PQS, sont notés dans ce livre.

CHAPITRE 4   ESTIMATION DES VALEURS MARGINALES DE L'EAU

Il fut montré dans le chapitre 1 que la valeur marginale de l'eau dans un réservoir peut être déterminée avec la programmation dynamique stochastique (PDS). Cette valeur représente l'effet d'une infime variation du contenu d'un réservoir sur la production future. Mais comme le temps de calcul, avec la programmation dynamique, augmente de façon exponentielle avec le nombre de variables d'état, il n'est pas possible d'utiliser cette méthode pour déterminer les valeurs marginales pour un système de plusieurs réservoirs. Il nous faut donc trouver une autre façon de déterminer des valeurs marginales pour l'eau dans les réservoirs ou du moins des valeurs qui indiquent de quels réservoirs on devrait soutirer de l'eau.

Ce chapitre présente une méthode qui détermine le réservoir duquel il serait le plus avantageux d'augmenter le soutirage si on doit produire un kWh additionnel. Cette méthode n'utilise pas la PDS et peut par conséquent être appliquée à un très grand nombre de réservoirs. Elle ne détermine pas de valeurs marginales comme le fait la PDS mais elle détermine des valeurs qui font le même travail que la PDS, à savoir déterminer le réservoir duquel le soutirage doit être augmenté. Pour cette raison, nous utiliserons tout de même le terme « valeurs marginales » pour désigner les valeurs déterminées avec notre méthode.

Ce chapitre comprend trois sections. La première section décrit la méthodologie utilisée dans ce chapitre. La deuxième section montre comment sont déterminées les valeurs marginales pour un système de plusieurs réservoirs en parallèle. Finalement, la troisième section traite de plusieurs réservoirs en série et en parallèle.

4.1 Méthodologie

Avant de présenter de façon formelle les définitions et les théorèmes permettant de calculer la valeur marginale de l'eau, nous commencerons par décrire la méthodologie à partir d'un exemple d'un système de deux réservoirs en série. L'objectif ici est de pouvoir répondre à la question suivante: supposons que l'on utilise la méthode des trajectoires pour déterminer le soutirage des réservoirs et que la production obtenue avec ce soutirage soit insuffisante, alors de quel réservoir devrait-on soutirer de l'eau supplémentaire pour accroître la production?

Pour faciliter la présentation, nous supposerons tout d'abord qu'il n'y a pas de déversement et que le niveau des réservoirs se situe toujours sur, ou en dessous, des trajectoires optimales. Donc, il est toujours possible d'augmenter le soutirage des groupes turbo-alternateur.

Dans la méthode des trajectoires, le soutirage des réservoirs est déterminé en solutionnant un problème d'optimisation. Ce problème d'optimisation consiste à répartir de façon optimale la hauteur de chute du réservoir agrégé entre les réservoirs réels tout en respectant les contraintes. Pour un système de deux réservoirs en série le soutirage est donné par la solution du problème suivant :

Maximiser la fonction :
$$\sum_{i=1}^{2} h_i\left(s_{i,t+1}\right) g_i\left(u_{i,t+1}^{\text{moy}}\right) \tag{101}$$

Sujet aux contraintes :
$$s_{1,t+1} = s_{1,t} - u_{1,t} + v_{1,t} \tag{102}$$
$$s_{2,t+1} = s_{2,t} + u_{1,t} + v_{1,t} - u_{2,t} - v_{2,t} \tag{103}$$
$$s_{1,t+1} + s_{2,t+1} \leq \hat{s}_{1,2,t+1}^{\text{opt}} \tag{104}$$
$$s_{i,t+1} \leq s_{i,t+1}^{\text{opt}} \quad \forall\, i = 1, 2 \tag{105}$$
$$0 \leq s_{i,t+1} \leq s^{\max_{i,t+1}} \quad \forall\, i = 1, 2 \tag{106}$$
$$0 \leq u_{i,t} \leq u_i^{(\max)} \quad \forall\, i = 1, 2 \tag{107}$$

Désignons par $\{s_{1,t+1}^*, s_{2,t+1}^*, u_{1,t}^*, u_{2,t}^*\}$ la solution optimale du problème (101)-(107) et notons par $\{G_{1,t}^*, G_{2,t}^*\}$ la production obtenue avec ce soutirage :

$$G_{1,t}^* = p_1(s_{1,t}, s_{1,t+1}^*, u_{1,t}^*) \tag{108}$$
$$G_{2,t}^* = p_2(s_{2,t}, s_{2,t+1}^*, u_{2,t}^*) \tag{109}$$

La proposition suivante peut alors être facilement démontrée.

Proposition 4.1 *Soit $\{s^*_{1,t+1}, s^*_{2,t+1}, u^*_{1,t}, u^*_{2,t}\}$ la solution optimale du problème (101) -(107). Cette solution est aussi la solution optimale pour le problème suivant:*

Maximiser la fonction :

$$\sum_{i=1}^{2} h_i\left(s_{i,t+1}\right) g_i\left(u_{i,t+1}^{moy}\right) \tag{110}$$

sujet aux contraintes :

$$s_{1,t+1} = s_{1,t} - u_{1,t} + v_{1,t} \tag{111}$$

$$s_{2,t+1} = s_{2,t} + u_{1,t} + v_{1,t} - u_{2,t} - v_{2,t} \tag{112}$$

$$p_1(s_{1,t}, s_{1,t+1}, u_{1,t}) = G^*_{1,t} \tag{113}$$

$$p_2(s_{2,t}, s_{2,t+1}, u_{2,t}) = G^*_{2,t} \tag{114}$$

$$0 \le s_{i,t+1} \le s^{max_{i,t+1}} \quad \forall i = 1, 2 \tag{115}$$

$$0 \le u_{i,t} \le u_i^{(max)} \quad \forall i = 1, 2 \tag{116}$$

Démonstration : La preuve de cette proposition découle de l'hypothèse **H2** qui stipule que les fonctions $h_i(s_{i,t+1})$ sont strictement croissantes et de l'hypothèse **H3** qui certifie que la relation suivante est toujours vraie :

$$\frac{\partial p\left(s_{i,t}, s_{i,t+1}, u_{i,t}\right)}{\partial u_{i,t}} > \frac{\partial p\left(s_{i,t}, s_{i,t+1}, u_{i,t}\right)}{\partial s_{i,t+1}}, \quad \forall u_{i,t}, \forall s_{i,t+1} \tag{117}$$

Supposons que la solution $\{s^*_{1,t+1}, s^*_{2,t+1}, u^*_{1,t}, u^*_{2,t}\}$ ne soit pas optimale pour ce problème. Alors, selon la fonction objective, au moins une valeur $s_{i,t+1}$ doit augmenter car la fonction $h_i(\ )$ est strictement croissante (rappel : $u_{i,t}^{moy}$ est une constante). Si $s_{1,t+1}$ augmente, alors $u_{1,t}$ diminue de la même valeur. Mais selon l'équation (117) cela aura comme effet de réduire la production de sorte que la contrainte (113) ne sera plus respectée. De la même façon, si $s_{2,t+1}$ augmente, alors soit que $u_{1,t}$ augmente ou que $u_{2,t}$ diminue. Dans les deux cas la contrainte (113) ou la contrainte (114) ne sera plus respectée.

Dans le problème (110)-(116), les contraintes servant à suivre les trajectoires optimales sont remplacées par une contrainte de production. La solution du problème (110)-(116) requiert donc que l'on connaisse déjà la production optimale, ce qui n'a pas vraiment de sens. En revanche, ce problème permet de déterminer le réservoir duquel augmenter le soutirage pour accroître la production. Voici comment y arriver.

Supposons que l'on veuille augmenter la production du système d'une valeur de Δ_G GWh relativement petite. On pourrait tout d'abord calculer la solution optimale du problème (110)-(116) dont on a modifié la contrainte (113) pour obtenir :

$$p_1(s_{1,t}, s_{1,t+1}, u_{1,t}) = G_{1,t}^* + \Delta_G \tag{118}$$

Ensuite, on pourrait comparer cette solution avec la solution optimale du problème (110)-(116) où, cette fois, on a remplacé la contrainte (114) par:

$$p_2(s_{2,t}, s_{2,t+1}^*, u_{2,t}^*) = G_{2,t}^* + \Delta_G \tag{119}$$

Le réservoir qui doit être choisi est celui dont l'augmentation de Δ_G aura le moins d'effet négatif sur la fonction objective. Plutôt que de procéder ainsi, on peut facilement quantifier l'effet de la variation du membre de droite d'une contrainte sans avoir à résoudre deux problèmes d'optimisation. Il suffit d'effectuer une analyse de sensibilité avec les multiplicateurs de Lagrange des contraintes. Lorsqu'on traite un problème d'optimisation, il faut formuler ce qu'on appelle le Lagrangien du problème. Cette fonction est construite en ajoutant à la fonction objective chaque contrainte du problème multipliée par une nouvelle variable de décision appelée multiplicateur de Lagrange. La valeur des multiplicateurs de Lagrange optimaux ont une signification bien particulière. Ils indiquent comment variera la valeur du maximum de la fonction objective suite à la modification du membre de droite des contraintes. La preuve de cette propriété est montrée à l'annexe 2. Les multiplicateurs de

Lagrange associés aux contraintes (113) et (114) dans le Lagrangien du problème d'optimisation devraient donc permettre d'identifier le réservoir que l'on recherche. La section suivante en fait la démonstration pour un système de réservoirs en parallèle.

4.2 Estimation des valeurs marginales: réservoirs en parallèle

Dans cette section, nous considérons un système composé uniquement de réservoirs en parallèle. Pour commencer, certaines hypothèses et simplifications doivent être faites. Premièrement, nous considérons qu'il n'y a jamais de déversement. Deuxièmement, nous supposons que les contraintes de bornes sur les soutirages ne sont jamais actives à l'optimalité, c'est-à-dire que les soutirages optimaux satisfont toujours les inégalités suivantes:

$$u_{i,t}^* < u_i^{\max} \quad \forall\, i = 1, 2, \ldots N \tag{120}$$

Nous traiterons le cas où $u_{i,t}^* = u_i^{\max}$ à la fin de cette section. On a vu dans la section précédente qu'en utilisant la méthode des trajectoires, la politique de gestion donnant les soutirages aux réservoirs (pour un système parallèle) est la solution optimale du problème suivant:

Maximiser la fonction :

$$\sum_{i=1}^{N} h_i\left(s_{i,t+1}\right) g_i\left(u_{i,t+1}^{\text{moy}}\right) \tag{121}$$

sujet aux contraintes:

$$s_{i,t+1} = s_{i,t} + q_{i,t} - u_{i,t} \quad \forall\, i = 1, 2, \ldots, N \tag{122}$$

$$p_i(s_{i,t}, s_{i,t+1}, u_{i,t}) = G_{i,t}^* \quad \forall\, i = 1, 2, \ldots, N \tag{123}$$

$$0 \leq s_{i,t+1} \leq s^{\max_{i,t+1}} \quad \forall\, i = 1, 2, \ldots, N \tag{124}$$

$$0 \leq u_{i,t} \leq u_i^{(\max)} \quad \forall\, i = 1, 2, \ldots, N \tag{125}$$

où $G_{i,t}^*$ sont les quantités d'énergie optimales. Comme mentionné dans la section précédente, si on veut augmenter la production du système on devrait nécessairement choisir le réservoir où l'augmentation de la production aura le plus petit impact sur la fonction objective. Il faut donc procéder à l'analyse de sensibilité des multiplicateurs de Lagrange. Le théorème suivant présente le premier résultat important de ce chapitre découlant de cette discussion.

Théorème 4.1 *Soit un système composé de N réservoirs en parallèle. Soit $u_{i,t+1}^* < u_i^{\max}$, $\forall i = 1, 2, \ldots, N$, le soutirage obtenu en appliquant la politique de gestion de la méthode des trajectoires optimales. Soit $s_{i,t+1}^* < s_i^{\max}$, $\forall i = 1, 2, \ldots, N$, le contenu des réservoirs à la fin de la période calculé à partir de $u_{i,t}^*$. Si on veut augmenter le débit d'un seul réservoir d'une petite valeur Δ_u (m^3/sec) afin d'accroître la production le plus efficacement possible, on doit choisir le réservoir i^* satisfaisant l'équation suivante:*

$$i^* = \arg\min_{i=1,2,\ldots,N} \left\{ \frac{h_i'(s_{i,t+1}) g_i(u_{i,t+1}^{moy})}{h_i(\overline{s}_{i,t}) g_i'(u_{i,t}) - \frac{1}{2} h_i'(\overline{s}_{i,t}) g_i(u_{i,t})} \right\} \quad (126)$$

Démonstration : La preuve consiste à démontrer que l'expression à l'intérieur des accolades de l'équation (126) correspond aux multiplicateurs de Lagrange des contraintes (123) du problème (121)-(125).

Tout d'abord, multiplions la fonction objective par -1 pour avoir un problème de minimisation. La fonction objective devient alors la suivante:

$$\sum_{i=1}^{N} -h_i(s_{i,t+1}) g_i(u_{i,t}^{moy}) \quad (127)$$

Étant donné que les contraintes de borne sur les soutirages et sur les volumes sont inactives, le Lagrangien du problème (121)-(125) est le suivant :

$$\mathcal{L}(\mathbf{s}_{t+1}, \mathbf{u}_t, \mu, \lambda) = \sum_{i=1}^{N} -h_i\left(s_{i,t+1}\right) g_i(u_{i,t+1}^{moy}) \ +$$
$$\sum_{i=1}^{N} \mu_i\left(s_{i,t+1} - s_{i,t} - q_{i,t} + u_{i,t}\right) \ + \qquad (128)$$
$$\sum_{i=1}^{N} \lambda_i\left(h_i\left(\overline{s}_{i,t}\right) g_i(u_{i,t}) - G_{i,t}^*\right)$$

où μ_i et λ_i sont les multiplicateurs de Lagrange des contraintes (122) et (123). En posant le gradient du Lagrangien égale à 0, on obtient le système suivant :

$$\frac{\partial \mathcal{L}}{\partial s_{i,t+1}} = -h_i'\left(s_{i,t+1}\right) g_i(u_{i,t+1}^{moy}) + \mu_i + \frac{1}{2}\lambda_i h_i'\left(\overline{s}_{i,t}\right) g_i(u_{i,t}) = 0 \qquad (129)$$

$$\frac{\partial \mathcal{L}}{\partial u_{i,t}} = \mu_i + \lambda_i h_i\left(\overline{s}_{i,t}\right) g_i'\left(u_{i,t}\right) = 0 \qquad (130)$$

$$\frac{\partial \mathcal{L}}{\partial \mu_i} = s_{i,t+1} - (s_{i,t} + q_{i,t} - u_{i,t}) = 0 \qquad (131)$$

$$\frac{\partial \mathcal{L}}{\partial \lambda_i} = h_i\left(\overline{s}_{i,t}\right) g_i(u_{i,t}) - G_{i,t}^* = 0. \qquad (132)$$

L'objectif est donc d'isoler la valeur de λ_i. Avec l'équation (130) on arrive à isoler μ_i :

$$\mu_i = -\lambda_i h_i\left(\overline{s}_{i,t}\right) g_i'\left(u_{i,t}\right) \qquad (133)$$

Puis, en remplaçant (133) dans (129) on obtient :

$$-h_i'\left(s_{i,t+1}\right) g_i(u_{i,t+1}^{moy}) - \lambda_i h_i\left(\overline{s}_{i,t}\right) g_i'\left(u_{i,t}\right) + \frac{1}{2}\lambda_i h_i'\left(\overline{s}_{i,t}\right) g_i(u_{i,t}) = 0 \qquad (134)$$

Par conséquent :

$$\lambda_i = \frac{-h_i'\left(s_{i,t+1}\right)g_i(u_{i,t+1}^{moy})}{h_i\left(\overline{s}_{i,t}\right)g_i'\left(u_{i,t}\right)-\frac{1}{2}h_i'\left(\overline{s}_{i,t}\right)g_i(u_{i,t})} \qquad (135)$$

La variation de la fonction objective suite à l'augmentation du membre de droite d'une contrainte est de $-\lambda_i$ (voir annexe 2 pour plus de détails). En d'autres termes, si G_t^* augmente de Δ_G la fonction objective diminue de $-\lambda_i$. Il s'en suit que :

$$-\lambda_i = \frac{h_i'\left(s_{i,t+1}\right)g_i(u_{1,t+1}^{moy})}{h_i\left(\overline{s}_{i,t}\right)g_i'\left(u_{i,t}\right)-\frac{1}{2}h_i'\left(\overline{s}_{i,t}\right)g_i(u_{i,t})} \qquad (136)$$

ce qui prouve le théorème 4.1.

◊

L'équation (136) sert donc de mesure pour déterminer le réservoir duquel on doit soutirer davantage pour augmenter la production. Intuitivement, on peut voir que cette équation a une certaine logique. Tout d'abord prenons le numérateur. On y retrouve la dérivée de la hauteur de chute (en fonction du contenu final) multipliée par l'apport cumulé moyen. Ce numérateur indique comment la valeur du contenu final varie avec le soutirage. La valeur du contenu final est donnée par l'expression $h_i\left(s_{i,t+1}\right)g_i(u_{i,t+1}^{moy})$. Le dénominateur, quant à lui, possède deux termes. Le premier terme représente la variation de la production actuelle avec le soutirage tandis que le deuxième terme donne la variation de la production actuelle en fonction du contenu en fin de période. On soustrait les deux termes pour avoir une variation nette car si le soutirage augmente le contenu en fin de période diminue. La valeur marginale est donc représentée par l'équation (136) qui est le ratio entre l'effet du soutirage sur la valeur du contenu final et l'effet du soutirage sur la génération actuelle. Puisqu'augmenter le soutirage revient à diminuer le contenu en fin de période, le réservoir devant être choisi est celui ayant le plus petit ratio. Ceci est vrai puisqu'on cherche à augmenter la production actuelle en étant le plus efficace possible. Il faut noter aussi que cette valeur dépend du volume actuel et du soutirage actuel. En d'autres termes, c'est une mesure locale de la valeur de l'eau. Si le volume et/ou le soutirage change, la valeur change aussi. Pour cette raison, le soutirage doit être augmenté par petits incréments Δ_u.

Finalement, on doit considérer le cas où il y a des bornes sur les variables. Il existe une façon simple de traiter ces bornes. Les valeurs marginales ne sont utilisées que pour identifier le réservoir duquel on doit augmenter le soutirage. S'il est impossible d'augmenter le soutirage d'un réservoir à cause des bornes sur les variables, ce réservoir devra être retiré de la liste lors de la sélection.

Dans le cas d'un système en parallèle, la borne inférieure du soutirage et la borne supérieure du contenu n'ont pas besoin d'être considérées car l'objectif est d'augmenter le soutirage. Seule la borne supérieure du soutirage et la borne inférieure du contenu devront être prises en considération. Il en découle alors que la valeur marginale recherchée est obtenue avec l'équation suivante:

$$\text{marg}_{i,t} = \begin{cases} \infty & \text{Si } u_{i,t} = u^{\max_i} \\ \infty & \text{Si } s_{i,t} = 0 \\ \dfrac{h_i'(s_{i,t+1})g_i(u_{i,t+1}^{moy})}{h_i'(\overline{s}_{i,t})g_i'(u_{i,t}) - \dfrac{1}{2}h_i'(\overline{s}_{i,t})g_i(u_{i,t})} & \text{Sinon} \end{cases} \qquad (137)$$

4.3 Estimation des valeurs marginales: réservoirs en série

Pour un système composé de réservoirs en série, le calcul des valeurs marginales est plus compliqué. La raison est que les réservoirs sont connectés entre eux. Les apports à un réservoir dépendent non seulement des apports naturels mais aussi du soutirage du réservoir en amont. La valeur marginale de l'eau doit donc prendre en considération ces relations.

Pour obtenir une expression similaire à celle obtenue ci-dessus la procédure suivie sera la même. Cependant, pour faciliter la preuve, le développement se fera pour un système de deux réservoirs en série. La généralisation à un système de N réservoirs sera triviale. Encore une fois, pour faciliter le développement on suppose qu'il n'y a pas de déversement et que les contraintes sur les bornes sont inactives.

Théorème 4.2 *Soit un système composé de 2 réservoirs en série dans lequel le réservoir 1 est en amont du réservoir 2. Soit $u_{i,t}^* < u_i^{max}$ $\forall i = 1, 2$ le soutirage des deux réservoirs obtenu en appliquant la politique de gestion de la méthode des trajectoires optimales. Soit $s_{i,t+1}^* < s_i^{max}$ $\forall i = 1, 2$ le contenu des réservoirs à la fin de la période calculé à partir de $u_{i,t}^*$. Si on veut augmenter le débit d'un seul réservoir d'une petite valeur Δ_u (m^3/sec) afin d'accroître la production le plus efficacement possible, on doit dans ce cas choisir le réservoir ayant la plus petite valeur entre:*

$$\left\{ \frac{h_1'(s_{1,t+1}) g_1(u_{1,t+1}^{moy}) - \eta}{h_1(\overline{s}_{1,t}) g_1'(u_{1,t}) - \frac{1}{2} h_1'(\overline{s}_{1,t}) g_1(u_{1,t})}, \frac{h_2'(s_{2,t+1}) g_2(u_{2,t+1}^{moy})}{h_2(\overline{s}_{2,t}) g_2'(u_{2,t}) - \frac{1}{2} h_2'(\overline{s}_{2,t}) g_2(u_{2,t})} \right\} \tag{138}$$

où

$$\eta = h_2(\overline{s}_{2,t}) g_2'(u_{2,t}) \cdot \frac{h_2'(s_{2,t+1}) g_2(u_{2,t+1}^{moy})}{h_2(\overline{s}_{2,t}) g_2'(u_{2,t}) - \frac{1}{2} h_2'(\overline{s}_{2,t}) g_2(u_{2,t})} \tag{139}$$

Démonstration : Pour un système de deux réservoirs en série, on sait que la solution $[u_{1,t}^*, u_{2,t}^*, s_{1,t+1}^*, s_{2,t+1}^*]$ obtenue avec la méthode des trajectoires optimales est la solution optimale du problème suivant:

Minimiser la fonction:

$$-\sum_{i=1}^{2} h_i(s_{i,t+1}) g_i(u_{i,t}^{moy}) \tag{140}$$

Sujet aux contraintes :

$$s_{1,t+1} = s_{1,t} + q_{1,t} - u_{1,t} \tag{141}$$

$$s_{2,t+1} = s_{2,t} + q_{2,t} + u_{1,t} - u_{2,t} \tag{142}$$

$$p_i(s_{i,t}, s_{i,t+1}, u_{i,t}) = G_{i,t}^* \quad \forall i = 1, 2 \tag{143}$$

$$0 \leq u_{i,t} \leq u^{max_i} \quad \forall\, i=1,2 \tag{144}$$

$$0 \leq s_{i,t} \leq s^{max_i} \quad \forall\, i=1,2 \tag{145}$$

où $G_{i,t}^*$ sont les quantités d'énergie optimales. Comme les contraintes de bornes sur les soutirages sont inactives, le Lagrangien du problème (140)-(145) peut s'écrire :

$$\begin{aligned}\mathcal{L}\left(s_{1,t+1}, s_{2,t+1}, u_{1,t}, u_{2,t}, \mu_1, \mu_2, \lambda_1, \lambda_2\right) =\, & -h_1\left(s_{1,t+1}\right)g_1(u_{1,t+1}^{moy}) - h_2\left(s_{2,t+1}\right)g_2(u_{2,t+1}^{moy}) + \\ & \mu_1\left(s_{1,t+1} - s_{1,t} - q_{1,t} + u_{1,t}\right) + \mu_2\left(s_{2,t+1} - s_{2,t} - q_{2,t} + u_{2,t} - u_{1,t}\right) + \\ & \lambda_1\left(h_1\left(\bar{s}_{1,t}\right)g_1(u_{1,t}) - G_{1,t}^*\right) + \lambda_2\left(h_2\left(\bar{s}_{2,t}\right)g_2(u_{2,t}) - G_{2,t}^*\right)\end{aligned} \tag{146}$$

En posant le gradient du Lagrangien égale à 0, on obtient alors le système suivant :

$$\frac{\partial \mathcal{L}}{\partial s_{1,t+1}} = -h_1'\left(s_{1,t+1}\right)g_1(u_{1,t+1}^{moy}) + \mu_1 + \frac{1}{2}\lambda_1 h_1'\left(\bar{s}_{1,t}\right)g_1(u_{1,t}) = 0 \tag{147}$$

$$\frac{\partial \mathcal{L}}{\partial s_{2,t+1}} = -h_2'\left(s_{2,t+1}\right)g_2(u_{2,t+1}^{moy}) + \mu_2 + \frac{1}{2}\lambda_2 h_2'\left(\bar{s}_{2,t}\right)g_2(u_{2,t}) = 0 \tag{148}$$

$$\frac{\partial \mathcal{L}}{\partial u_{1,t}} = \mu_1 - \mu_2 + \lambda_1 h_1\left(\bar{s}_{1,t}\right)g_1'\left(u_{1,t}\right) = 0 \tag{149}$$

$$\frac{\partial \mathcal{L}}{\partial u_{2,t}} = \mu_2 + \lambda_2 h_2\left(\bar{s}_{2,t}\right)g_2'\left(u_{2,t}\right) = 0 \tag{150}$$

$$\frac{\partial \mathcal{L}}{\partial \mu_1} = s_{1,t+1} - s_{1,t} - q_{1,t} + u_{1,t} = 0 \tag{151}$$

$$\frac{\partial \mathcal{L}}{\partial \mu_2} = s_{2,t+1} - s_{2,t} - q_{2,t} + u_{2,t} - u_{1,t} = 0 \tag{152}$$

$$\frac{\partial \mathcal{L}}{\partial \lambda_1} = h_1\left(\bar{s}_{1,t}\right)g_1\left(u_{1,t}\right) - G_{1,t}^* = 0 \tag{153}$$

$$\frac{\partial \mathcal{L}}{\partial \lambda_2} = h_2\left(\bar{s}_{2,t}\right)g_2\left(u_{2,t}\right) - G_{2,t}^* = 0 \tag{154}$$

L'objectif est d'isoler λ_1 et λ_2, les multiplicateurs des contraintes (143). Tout d'abord, notons que pour le réservoir en aval la valeur marginale est exactement la même que celle obtenue pour le cas parallèle. Cela s'explique par le fait que le soutirage de ce réservoir n'influencera aucun autre réservoir. On obtient donc que :

$$\lambda_2 = \frac{-h_2'\left(s_{2,t+1}\right)g_2(u_{2,t+1}^{moy})}{h_2\left(\overline{s}_{2,t}\right)g_2'\left(u_{2,t}\right)-\frac{1}{2}h_2'\left(\overline{s}_{2,t}\right)g_2(u_{2,t})} \tag{155}$$

En remplaçant (155) dans (150) on obtient une expression pour μ_2 :

$$\begin{aligned}\mu_2 &= -\lambda_2 h_2\left(\overline{s}_{2,t}\right)g_2'\left(u_{2,t}\right) \\ &= h_2\left(\overline{s}_{2,t}\right)g_2'\left(u_{2,t}\right)\frac{h_2'\left(s_{2,t+1}\right)g_2(u_{2,t+1}^{moy})}{h_2\left(\overline{s}_{2,t}\right)g_2'\left(u_{2,t}\right)-\frac{1}{2}h_2'\left(\overline{s}_{2,t}\right)g_2(u_{2,t})}\end{aligned} \tag{156}$$

Maintenant, l'équation (147) donne :

$$\mu_1 = h_1'\left(s_{1,t+1}\right)g_1(u_{1,t+1}^{moy}) - \frac{1}{2}\lambda_1 h_1'\left(\overline{s}_{1,t}\right)g_1(u_{1,t}) \tag{157}$$

En remplaçant (157) dans (149) on obtient une expression qui ne dépend que de λ_1 et μ_2 :

$$\mu_2 = \mu_1 + \lambda_1 h_1\left(\overline{s}_{1,t}\right)g_1'\left(u_{1,t}\right) \tag{158}$$

$$\mu_2 = h_1'\left(s_{1,t+1}\right)g_1(u_{1,t+1}^{moy}) - \frac{1}{2}\lambda_1 h_1'\left(\overline{s}_{1,t}\right)g_1(u_{1,t}) + \lambda_1 h_1\left(\overline{s}_{1,t}\right)g_1'\left(u_{1,t}\right) \tag{159}$$

Finalement, en substituant l'équation (156) dans l'équation (159) on obtient alors l'expression qui donne la valeur marginale de l'eau dans le réservoir en amont:

$$\lambda_1 = \frac{-h_1'\left(s_{1,t+1}\right)g_1(u_{1,t+1}^{moy}) + \eta}{h_1\left(\overline{s}_{1,t}\right)g_1'\left(u_{1,t}\right) - \frac{1}{2}h_1'\left(\overline{s}_{1,t}\right)g_1(u_{1,t})} \quad (160)$$

où

$$\eta = \mu_2 = h_2\left(\overline{s}_{2,t}\right)g_2'\left(u_{2,t}\right)\frac{h_2'\left(s_{2,t+1}\right)g_2(u_{2,t+1}^{moy})}{h_2\left(\overline{s}_{2,t}\right)g_2'\left(u_{2,t}\right) - \frac{1}{2}h_2'\left(\overline{s}_{2,t}\right)g_2(u_{2,t})} \quad (161)$$

Donc, la variation de la fonction objective suite à l'augmentation de la production au réservoir 1 est de :

$$-\lambda_1 = \frac{h_1'\left(s_{1,t+1}\right)g_1(u_{1,t+1}^{moy}) - \eta}{h_1\left(\overline{s}_{1,t}\right)g_1'\left(u_{1,t}\right) - \frac{1}{2}h_1'\left(\overline{s}_{1,t}\right)g_1(u_{1,t})} \quad (162)$$

et de :

$$\lambda_2 = \frac{-h_2'\left(s_{2,t+1}\right)g_2(u_{2,t+1}^{moy})}{h_2\left(\overline{s}_{2,t}\right)g_2'\left(u_{2,t}\right) - \frac{1}{2}h_2'\left(\overline{s}_{2,t}\right)g_2(u_{2,t})} \quad (163)$$

au réservoir 2, ce qui prouve le théorème 4.2.

◊

Encore une fois, l'expression de la valeur marginale de l'eau peut facilement s'interpréter. On retrouve toujours au dénominateur l'effet de la variation du soutirage et du volume sur la production actuelle. En revanche, le numérateur est différent de celui vu précédemment. On soustrait la valeur de η de l'effet du soutirage sur la valeur du contenu final. Ce terme correspond à l'effet de l'augmentation du soutirage amont sur la valeur marginale de l'eau dans le réservoir en aval.

La terme η peut s'expliquer de la façon suivante. Dans ce terme on retrouve l'expression $h_2(\overline{s}_{2,t})g_2'(u_{2,t})$ à la fois au numérateur et au dénominateur ce qui réduit l'impact de cette expression sur la valeur de η. Ceci est tout à fait normal car cette expression correspond à l'impact de la modification du soutirage du réservoir en aval sur la valeur marginale du réservoir en amont. Il est évident que cette expression ne doit pas intervenir car seule la hauteur de chute du réservoir aval est modifiée par le soutirage amont. De plus, le fait que l'on retranche η à la valeur marginale montre bien que la mesure est valide. La soustraction aura comme effet de diminuer la valeur marginale. On rappelle que le réservoir devant être choisi est celui ayant la plus petite valeur marginale. Le réservoir en amont a donc un avantage sur le réservoir en aval. Ceci est tout à fait normal puisque pour un système de deux réservoirs en série, l'augmentation du soutirage du réservoir amont fait augmenter la hauteur de chute du réservoir en aval.

Maintenant, si on ajoute les bornes sur les variables, la borne supérieure et la borne inférieure du contenu du réservoir sont importantes de même que le contenu du réservoir aval (s'il y en a un). On ne pourra pas augmenter le soutirage d'un réservoir en amont si le réservoir en aval est plein. Donc, pour le cas où le réservoir i est relié au réservoir j en aval, on obtient la valeur marginale de l'eau avec l'équation suivante:

$$\text{marg}_{i,t} = \begin{cases} \infty & \text{Si } u_{i,t} = u_i^{\max} \\ \infty & \text{Si } s_{i,t} = 0 \\ \infty & \text{Si } s_{j,t} = s_j^{\max} \\ \dfrac{h_i'(s_{i,t+1})g_i(u_{i,t+1}^{moy}) - \eta}{h_i(\overline{s}_{i,t})g_i'(u_{i,t}) - \dfrac{1}{2}h_i'(\overline{s}_{i,t})g_i(u_{i,t})} & \text{Sinon} \end{cases} \qquad (164)$$

Il est facile de démontrer que, pour un système à N réservoirs de configuration quelconque, la valeur de l'eau dans les réservoirs est déterminée uniquement avec les équations (137) et (164)

. Pour les réservoirs situés à l'embouchure des vallées (ceux n'ayant aucun lien avec un réservoir aval) la valeur est déterminée à partir de l'équation développée pour le cas parallèle, c'est-à-dire l'équation (137). Ceci est dû au fait que ces réservoirs n'ont aucun effet sur les autres hauteurs de chute. Pour les autres réservoirs, la valeur est déterminée par l'équation (164). Cela est évident puisqu'il est impossible qu'un réservoir soit connecté à plus d'un réservoir en aval. Il serait impossible de connaître le chemin parcouru par l'eau dans un tel cas (voir Figure 4.1). Ces réservoirs influenceront uniquement la hauteur de chute d'un seul réservoir en aval.

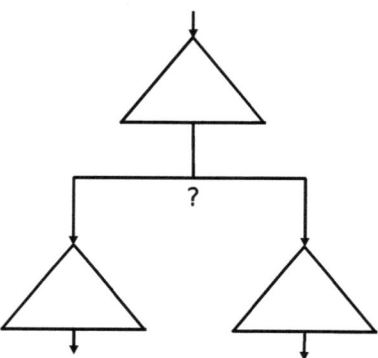

Figure 4.1 Système ayant une configuration impossible

CHAPITRE 5   MÉTHODE DES TRAJECTOIRES AVEC DEMANDE

La méthode des trajectoires optimales, telle que conçue à l'origine par Turgeon [1], ne peut pas prendre en compte une demande à satisfaire. L'objectif de ce chapitre est de montrer qu'il est possible de modifier la méthode pour que les réservoirs soient gérés de façon efficace tout en satisfaisant la demande.

Nous avons vu précédemment que l'objectif de la MTO est de maintenir le contenu des réservoirs le plus près possible des trajectoires optimales de façon à maximiser la génération. Lorsqu'il y a une demande à satisfaire, les trajectoires des réservoirs doivent nécessairement s'éloigner des trajectoires optimales pour satisfaire cette demande. Les valeurs marginales déterminées au chapitre précédant peuvent alors être utilisées pour choisir les réservoirs dont les soutirages devraient être augmentés ou diminués pour satisfaire la demande, et ceci tout en minimisant l'impact sur la production annuelle.

Pour un problème dont l'objectif est de maximiser la différence entre les revenus des ventes et les coûts des achats, la production cible à atteindre dans chaque période peut être différente de la demande. La quantité d'énergie produite peut être supérieure à la demande afin de générer des revenus additionnels et même inférieure à la demande s'il le faut. Dans ce cas, on pourrait vouloir importer une quantité d'énergie afin de ne pas trop vider les réservoirs. Cette décision n'est pas simple à prendre car elle dépend à la fois de l'énergie potentielle emmagasinée dans le système est des apports prévus qui eux sont aléatoires. Une méthode efficace pour déterminer cette quantité d'énergie cible sera présentée dans la première section.

La deuxième section porte sur la politique de gestion pour la méthode des trajectoires avec demande. Cette section décrit tous les détails relatifs à l'algorithme qui sert à calculer le soutirage des réservoirs en fonction du contenu au début de la période et de l'apport prévu pour cette période. La troisième section donne des exemples d'application de la politique de gestion pour des systèmes de deux et trois réservoirs en série et en parallèle. Les résultats sont comparés à ceux obtenus avec la programmation dynamique stochastique (PDS). Finalement, la quatrième section présente les détails des simulations effectuées sur des systèmes à 4, 5, 6 et 7 réservoirs en série.

5.1 Méthode des trajectoires et gestion de la demande

La méthode des trajectoires optimales a été conçue pour maximiser la production d'énergie d'un système ayant plusieurs réservoirs. La solution de ce type de problèmes est complètement différente de celles qui ont une demande à satisfaire. Ceci est particulièrement vrai pour le climat du Canada où les apports naturels durant l'hiver sont très faibles dû au fait que les précipitations sont en neige. Les risques de déversement durant cette période sont très faibles. Une solution basée sur la maximisation de la production aura donc tendance à maintenir le niveau des réservoirs le plus haut possible et de ne soutirer que les surplus d'eau.

La conséquence d'une telle gestion est que la production d'énergie sera faible durant l'hiver puisque les apports sont faibles. Comme la demande d'électricité est beaucoup plus forte durant l'hiver que durant le reste de l'année, la demande ne sera alors pas satisfaite. Par conséquent, une politique maximisant la génération ne peut pas être appliquée lorsqu'il y a une demande à satisfaire. Il se pourrait aussi que la génération déterminée par la méthode des trajectoires optimales soit supérieure à la demande. Dans ce cas, la meilleure solution pourrait être de réduire la génération et de conserver l'eau pour le futur. Notons que si la demande est trop forte, l'importation d'énergie des réseaux voisins pourrait s'avérer inévitable. Bref, la quantité d'énergie devant être produite ne doit pas être considérée comme une constante mais comme une fonction qui dépend de la demande, des volumes d'eau en stock et des apports prévus. La section suivante montrera comment calculer cette quantité d'énergie efficacement en appliquant l'algorithme de la PDS sur un système agrégé.

5.1.1 Modèle d'agrégation

Les méthodes basées sur l'agrégation des réservoirs ont été parmi les premières méthodes utilisées pour résoudre des problèmes de grandes dimensions [50, 51]. Ces méthodes consistent à agréger quelque uns ou tous les réservoirs du système. L'agrégation est réalisée en transformant les contenus des réservoirs en énergie potentielle. Le contenu du réservoir agrégé représente donc l'énergie potentielle totale dans le système. La règle optimale de gestion du réservoir agrégé peut être facilement résolue avec la PDS. La principale difficulté de cette approche est la désagrégation du système, c'est-à-dire la répartition de la production entre les installations disponibles. Pour l'application qui nous intéresse cette partie n'est pas nécessaire. En fait, comme on le montrera plus tard, cette désagrégation est en quelque sorte faite par la méthode des trajectoires optimales.

Le modèle d'agrégation proposé dans cette thèse est basé sur les travaux de Turgeon [51]. La procédure consiste à agréger les contenus des réservoirs en convertissant toutes les variables et tous les paramètres en énergie potentielle. Pour arriver à convertir un volume en énergie potentielle on doit assigner à chaque réservoir i un facteur de conversion ω_i (GWh/hm^3). Ce facteur donne l'énergie moyenne pouvant être produite par le réservoir avec un hm^3 d'eau. On convertit le contenu d'un réservoir en le multipliant par ω_i. Pour un système ayant plusieurs réservoirs en série, étant donné que l'eau contenue dans le réservoir i a le potentiel d'être soutirée par tous les réservoirs en aval, on doit ajouter à ω_i la somme de tous les ω_j de tous les réservoirs j situés en aval.

De façon générale, on notera le contenu énergétique agrégé par $(\tilde{s})$, les apports naturels énergétique agrégés par $(\tilde{q})$, le soutirage agrégé par $(\tilde{u})$ et le déversement agrégé par $(\tilde{v})$:

$$\tilde{s}_t = \sum_{i=1}^{N} \sum_{j \in \Omega_i} \omega_j s_{i,t} \leq \tilde{s}^{\max} = \sum_{i=1}^{N} \sum_{j \in \Omega_i} \omega_j s_i^{\max} \tag{165}$$

$$\tilde{q}_t = \sum_{i=1}^{N} \sum_{j \in \Omega_i} \omega_j q_{i,t} \tag{166}$$

$$\tilde{u}_t = \sum_{i=1}^{N} \omega_i u_{i,t} \leq \tilde{u}^{\max} = \sum_{i=1}^{N} \omega_i u_i^{\max} \tag{167}$$

$$\tilde{v}_t = \sum_{i=1}^{N} \omega_i v_{i,t} \tag{168}$$

où Ω_i est l'ensemble des réservoirs situés en aval du réservoir i. Il est alors possible de déterminer la quantité d'énergie devant être produite par le système en solutionnant avec la PDS, le problème suivant:

Minimiser la fonction suivante :

$$\mathop{\mathrm{E}}_{\tilde{q}} \left[\sum_{t=1}^{T} c(\tilde{u}_t - d_t) + \Psi(\tilde{s}_{T+1}) \right] \tag{169}$$

sujet aux contraintes :

$$\tilde{s}_{t+1} = \tilde{s}_t + \tilde{q}_t - \tilde{u}_t - \tilde{v}_t \quad \forall\, t = 1, 2, \ldots, T \tag{170}$$

$$0 \leq \tilde{s}_{t+1} \leq \tilde{s}^{(\max)} \quad \forall\, t = 1, 2, \ldots, T-1 \tag{171}$$

$$0 \leq \tilde{u}_t \leq \tilde{u}^{(\max)} \quad \forall\, t = 1, 2, \ldots, T \tag{172}$$

$$0 \leq \tilde{v}_t, \quad \forall\, t = 1, 2, \ldots, T \tag{173}$$

où $\tilde{s}_1$ est connu.

La solution de ce problème permet de déterminer la politique de gestion suivante:

$$\left(\tilde{u}_t^*, \tilde{v}_t^*\right) = \arg\max_{\tilde{u}_t, \tilde{v}_t}\left[c\left(\tilde{u}_t - d_t\right) + F_{t+1}\left(\tilde{s}_{t+1}, \tilde{q}_t\right)\right] \qquad (174)$$

où $F_{t+1}\left(\tilde{s}_{t+1}, \tilde{q}_t\right)$ est la fonction de Bellman déterminée par l'algorithme de la PDS. La valeur de $\tilde{u}_t$ correspond à la quantité d'énergie devant être produite par le système, ce qui est la valeur recherchée. Le problème (169)-(173) peut être résolu avec l'algorithme de la PDS présenté dans le chapitre 1.

Il est important de noter que cette façon de calculer la quantité d'énergie devant être produite demeure une approximation de la quantité optimale. Ceci est dû à l'utilisation du facteur de conversion ω_i. Ce facteur permet d'estimer la quantité d'énergie pouvant être générée par un hm^3 d'eau. Malheureusement, cette quantité est estimée en considérant une hauteur de chute constante. Par exemple, pour déterminer l'énergie potentielle contenue dans un réservoir d'un système en parallèle, on multiplie la quantité d'eau en hm^3 par ω_i en GWh/hm^3. La quantité d'énergie en GWh ainsi obtenue suppose que l'eau sera transformée à la même hauteur de chute. Pour être le plus précis possible, le facteur de conversion ω_i doit être déterminé pour la hauteur de chute moyenne du réservoir i. Si cette hauteur n'est pas disponible, il est facile d'en obtenir une approximation en simulant le système à l'aide d'une politique de gestion qui peut être, par exemple, la méthode des trajectoires sans demande. On peut alors déterminer le coefficient ω_i en divisant la production du réservoir i par la quantité d'eau turbinée en hm^3 et ce, à chaque période simulée. Le coefficient ω_i est alors obtenu en prenant la moyenne de ces ratios.

5.2 Politique de gestion de la méthode des trajectoires avec demande

Si on connaît une stratégie pour déterminer une production cible à atteindre, on peut alors se demander à quoi servent les trajectoires optimales dans ce contexte puisque l'objectif maintenant est simplement d'atteindre une production cible. Pour répondre à cette question, il faut tout d'abord se rappeler que les trajectoires optimales ont été conçues de façon à maximiser la génération. Donc, si on introduit une demande, le système devra nécessairement dévier de ces trajectoires. Comme ces trajectoires maximisent la production, on devrait normalement s'en éloigner le moins possible. En d'autres termes, la politique de gestion devrait atteindre la production cible tout en minimisant l'écart entre les trajectoires réelles des réservoirs et les trajectoires optimales. Les valeurs marginales calculées dans le chapitre précédent ont été conçues pour satisfaire ce critère.

En résumé, la politique de gestion proposée fixera en premier lieu le soutirage des réservoirs en utilisant la méthode des trajectoires sans demande, et ceci afin de positionner le système le plus près possible des trajectoires optimales. Ensuite, si la production cible n'est pas atteinte, on modifiera le soutirage des réservoirs en utilisant des valeurs marginales. Deux cas sont alors possibles, *i)* la cible est inférieure à la production actuelle ou *ii*) la cible est supérieure à la production actuelle.

5.2.1 Production inférieure à la quantité d'énergie cible

Lorsque la production est insuffisante, on doit nécessairement augmenter la production du système. L'objectif est alors d'augmenter le soutirage d'un réservoir par de petits pas Δ_u en choisissant le réservoir ayant la plus petite valeur marginale. Ces valeurs, on le rappelle, sont données par:

$$\mathrm{marg}_{i,t} = \begin{cases} \infty & \text{Si } u_{i,t} = u_i^{\max} \\ \infty & \text{Si } s_{i,t} = 0 \\ \infty & \text{Si } s_{j,t} = s_j^{\max} \\ \dfrac{h_i^{'}(s_{i,t+1}) g_i(u_{i,t+1}^{moy}) - \eta}{h_i^{'}(\overline{s}_{i,t}) g_i^{'}(u_{i,t}) - \dfrac{1}{2} h_i^{'}(\overline{s}_{i,t}) g_i(u_{i,t})} & \text{Sinon} \end{cases} \quad (175)$$

lorsque le réservoir *j* est situé en aval du réservoir *i* et par:

$$\text{marg}_{i,t} = \begin{cases} \infty & \text{Si } u_{i,t} = u^{\max_i} \\ \infty & \text{Si } s_{i,t} = 0 \\ \dfrac{h'_i(s_{i,t+1}) g_i(u^{moy}_{i,t+1})}{h_i(\overline{s}_{i,t}) g'_i(u_{i,t}) - \dfrac{1}{2} h'_i(\overline{s}_{i,t}) g_i(u_{i,t})} & \text{Sinon} \end{cases} \quad (176)$$

pour un réservoir en aval de la rivière. À chaque augmentation du soutirage, on remet à jour les volumes et les valeurs marginales. On procède ainsi jusqu'à ce que la cible soit atteinte où qu'il devient impossible d'augmenter la production du système, situation qui se produit lorsque:

$$\text{marg}_{i,t} = \infty, \forall\, i = 1, 2, \ldots, N \quad (177)$$

5.2.2 Production supérieure à la quantité d'énergie cible

Si la quantité d'énergie produite est supérieure à la cible on doit alors procéder de la même façon mais, cette fois, l'objectif est de diminuer le soutirage des réservoirs. Comme la valeur marginale de l'eau donne l'impact d'une augmentation du contenu sur la production actuelle et future, il faut cette fois choisir le réservoir ayant la plus grande valeur marginale.

Les bornes sur les variables doivent aussi être traitées différemment puisque le soutirage sera diminué et le volume augmenté. Dans ce contexte, la valeur marginale d'un réservoir connecté avec le réservoir *j* qui est en aval sera plutôt calculée par:

$$\mathrm{marg}_{i,t} = \begin{cases} -\infty & \text{Si } u_{i,t} = 0 \\ -\infty & \text{Si } s_{i,t} = s_{i,t}^{\max} \\ -\infty & \text{Si } s_{j,t} = 0 \\ \dfrac{h_i^{'}\left(s_{i,t+1}\right) g_i(u_{i,t+1}^{moy}) - \eta}{h_i^{'}\left(\overline{s}_{i,t}\right) g_i^{'}\left(u_{i,t}\right) - \dfrac{1}{2} h_i^{'}\left(\overline{s}_{i,t}\right) g_i(u_{i,t})} & \text{Sinon} \end{cases} \qquad (178)$$

Dans le cas d'un réservoir i situé en aval de la rivière on utilisera l'équation suivante :

$$\mathrm{marg}_{i,t} = \begin{cases} -\infty & \text{Si } u_{i,t} = 0 \\ -\infty & \text{Si } s_{i,t} = s_{i,t}^{\max} \\ \dfrac{h_i^{'}\left(s_{i,t+1}\right) g_i(u_{i,t+1}^{moy}) - \eta}{h_i^{'}\left(\overline{s}_{i,t}\right) g_i^{'}\left(u_{i,t}\right) - \dfrac{1}{2} h_i^{'}\left(\overline{s}_{i,t}\right) g_i(u_{i,t})} & \text{Sinon} \end{cases} \qquad (179)$$

5.2.3 L'algorithme

L'algorithme présenté à la Figure 5.1 de la page 71 donne les étapes à suivre pour calculer le soutirage des réservoirs en fonction des contenus au début de la période t et de l'apport naturel prévu pour cette période. Cet algorithme se termine à l'étape 6 s'il n'existe aucune valeur marginale ou si la production cible est atteinte. Dans le premier cas, cela peut se produire si on manque d'énergie ou s'il est impossible de contenir le surplus d'énergie demandé. Finalement, pour assurer la convergence de l'algorithme, l'étape 4 devrait plutôt être définie comme suit :

Étape 4 : Si $G_t < G_t^{\text{cible}}$
    Étape 4a : Si $|G_t < G_t^{\text{cible}}| \leq \Delta_G$ aller en 6, sinon aller à 7

L'étape 5 devrait elle aussi être modifiée de la même façon. La valeur de Δ_G devient alors la tolérance sur l'écart entre la production et la cible à atteindre. Il est donc très important que la valeur de Δ_U (la modification du soutirage) soit assez petite pour être en mesure de placer la production à l'intérieur de la tolérance sur la cible sans osciller de façon perpétuelle en haut et en bas de la cible.

ALGORITHME DE CALCUL DE LA POLITIQUE DE GESTION
DE LA MÉTHODE DES TRAJECTOIRES AVEC DEMANDE

Étape 1 : Utiliser la MTO sans demande pour déterminer u_t, v_t et s_{t+1} ;

Étape 2 : Calculer $G_t^{\text{cible}} = \tilde{u}_t$ à l'aide de l'équation (174) ;

Étape 3 : Calculer $G_t = \sum_{i=1}^{N} p_i\left(s_{i,t}, s_{i,t+1}, u_{i,t}\right)$;

Étape 4 : Si $G_t < G_t^{\text{cible}}$, aller à l'**Étape 7** ;

Étape 5 : Si $G_t > G_t^{\text{cible}}$, aller à l'**Étape 11** ;

Étape 6 : Fin ;

Étape 7 : Calculer $\text{marg}_{i,t}$, $\forall i = 1, 2, \ldots N$ à l'aide de (175)-(176) selon le cas ;

Étape 8 : Poser $j = \underset{i=1,2,\ldots N}{\text{argmin}}\left(\text{marg}_{i,t}\right)$;

Étape 9 : Si $\text{marg}_{j,t} = \infty$ aller à l'**Étape 6**.

Étape 10 : Poser $u_{j,t} = u_{j,t} + \Delta_u$, mettre à jour les volumes et retour à l'**Étape 3**.

Étape 11 : Calculer $\text{marg}_{i,t}$, $\forall i = 1, 2, \ldots N$ à l'aide de (178)-(179) selon le cas ;

Étape 10 : Poser $j = \underset{i=1,2,\ldots N}{\text{argmax}}\left(\text{marg}_{i,t}\right)$;

Étape 11 : Si $\text{marg}_{j,t} = -\infty$ aller à l'**Étape 6**.

Étape 12 : Poser $u_{j,t} = u_{j,t} - \Delta_u$, mettre à jour les volumes et retour à l'**Étape 3**.

Figure 5.1 Algorithme de calcul de la politique de gestion de la MTO avec demande

5.3 Premier exemple d'application

Cette section a pour objet de comparer les modèles développés avec la programmation dynamique pour des systèmes de deux réservoirs en parallèle, deux réservoirs en série, trois réservoirs en parallèle et trois réservoirs en série. Le problème d'optimisation à résoudre est similaire au problème formulé dans la Section 1.5 du Chapitre 1. Par exemple, pour le cas d'un système à deux réservoirs en série, le problème est de trouver la politique optimale de gestion pour le problème d'optimisation suivant :

Minimiser la fonction :

$$\mathop{\mathrm{E}}_{q}\left[\sum_{t=1}^{52}c\left(\sum_{i=1}^{2}p_i\left(s_{i,t},s_{i,t+1},u_{i,t}\right)-d_t\right)+\Psi(\mathbf{s}_{T+1})\right] \qquad (180)$$

sous les contraintes :

$$s_{1,t+1} = s_{1,t} + q_{1,t} - u_{1,t} - v_{1,t} \quad \forall\, t=1,2\ldots,52 \qquad (181)$$

$$s_{2,t+1} = s_{2,t} + q_{2,t} + u_{1,t} + v_{1,t} - u_{2,t} - v_{2,t} \quad \forall\, t=1,2\ldots,52 \qquad (182)$$

$$0 \le s_{i,t+1} \le s_i^{\max}, \qquad \forall\, i=1,2, \quad \forall\, t=1,2,\ldots,52 \qquad (183)$$

$$0 \le u_{i,t} \le u_i^{\max}, \qquad \forall\, i=1,2 \quad \forall\, t=1,2,\ldots,52 \qquad (184)$$

$$0 \le v_{i,t}, \qquad \forall\, i=1,2, \quad \forall\, t=1,2,\ldots,52 \qquad (185)$$

où $s_{i,1}$ est connu pour $i=1,2$.

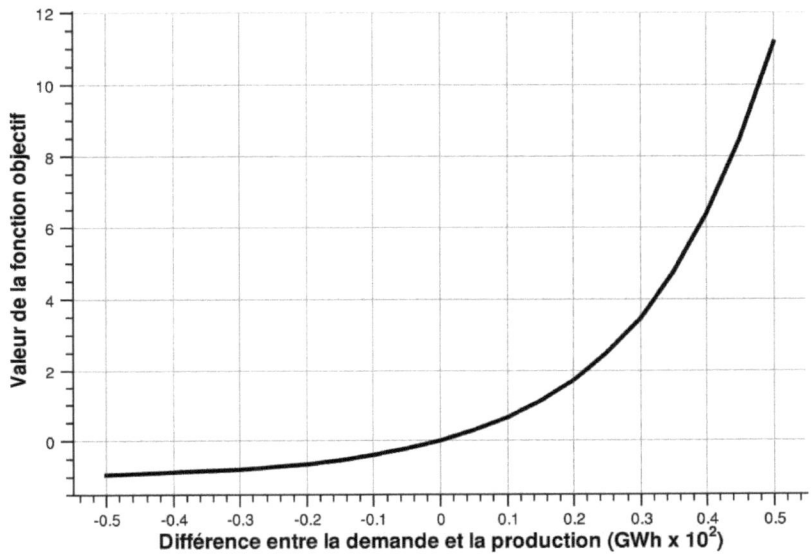

Figure 5.2 Fonction objective utilisée

5.3.1 Fonction objective

La fonction $c(\ )$ utilisée dans ce mémoire est montrée à la Figure 5.2. Cette fonction donne les revenus ou les coûts des achats en fonction de l'écart entre la demande et la production du système. Elle pénalise de façon exponentielle un écart positif (demande plus grande que la production) alors que le surplus de production produit des gains logarithmiques. Cette fonction a été créée de toute pièce. La valeur numérique donnée par la fonction n'a aucun lien avec le prix de l'énergie sur les marchés étrangers. L'objectif est simplement d'imiter grossièrement le comportement du marché où une trop grande exportation fait diminuer les prix alors que l'importation les fait croître de façon beaucoup plus importante. Nous considérerons dans ce mémoire que la demande est connue d'avance. La Figure 5.3 de la page 74 montre le profil de demande normalisé utilisé. Pour un problème d'optimisation donné, le profil de la demande réel est ajusté en fonction de la capacité de production du système. Par exemple, supposons que l'on note d_t^{ref} la demande normalisée à la période t (valeur du profil de la Figure 5.2), le profil de demande utilisé dans le problème d'optimisation est alors obtenu en multipliant d_t^{ref} par d^{moy} pour chaque période. La valeur de d^{moy} est le coefficient d'ajustement de la demande. Ce coefficient est ajusté en fonction des deux critères suivants:

1. À chaque 50 années simulées avec la politique de gestion de la PDS il y aura au moins une semaine où on importera de l'énergie;

2. En simulant le système avec la PDS, la quantité moyenne d'énergie importée par année est inférieure à 15 % de l'énergie produite.

Ces deux critères, quoique tout à fait arbitraires, servent à assurer que le problème ne soit pas trop facile à résoudre, c'est-à-dire que la demande soit trop faible ou encore que le problème soit irréaliste, au sens que le système soit sous-dimensionné par rapport à la demande.

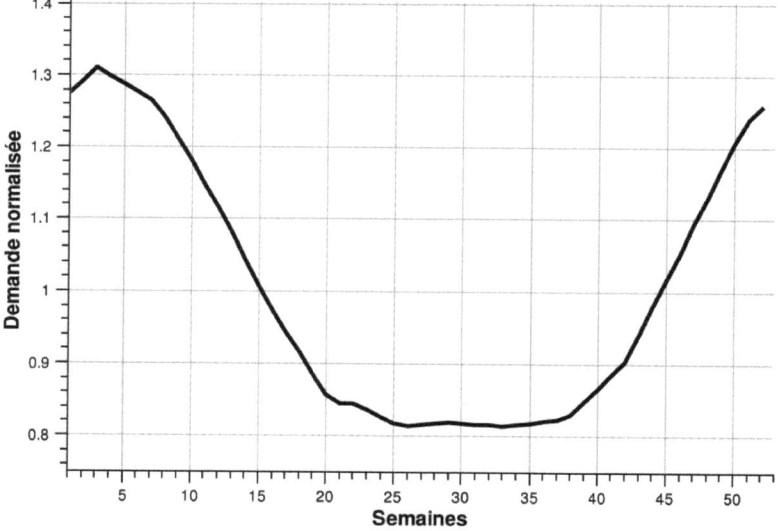

Figure 5.3 Profil de la demande normalisée

5.3.2 Génération des scénarios d'apport

Les scénarios d'apports utilisés pour ajuster la méthode des trajectoires et simuler les politiques de gestion ont été obtenus avec le modèle autorégressif d'ordre 1 suivant :

$$q_t^N = b_{0,t} + b_{1,t} q_{t-1}^N + b_{2,t} \zeta_t \tag{186}$$

où ζ_t est une variable aléatoire de distribution normale standard (DNS). Les coefficients $b_{0,t}$, $b_{1,t}$ et $b_{2,t}$ sont obtenus par la résolution d'un problème des moindres carrés en utilisant les données de 53 années d'historique, dont le minimum, le maximum et la moyenne sont montrées dans la Figure 5.4

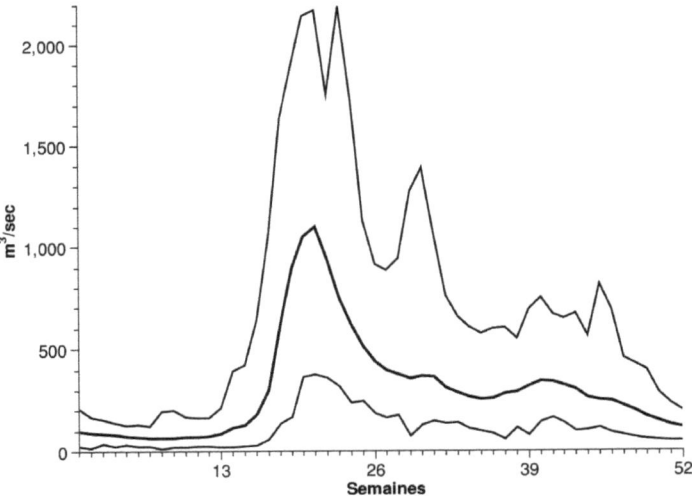

Figure 5.4 Minimum, maximum et moyenne des séries historiques d'apports

Ces séries d'apports historiques ont été préalablement normalisées avec une des quatre distributions suivante: la distribution normale, la distribution log-normale à deux paramètres, la distribution log-normale à trois paramètres et la distribution gamma. Ces quatre distributions ont été choisies parce qu'elles sont généralement utilisées pour ce genre d'application [7]. Le test de Filliben [52] a été appliqué pour vérifier laquelle, parmi ces quatre distributions, normalise le mieux les données. Ce test consiste tout simplement à calculer le coefficient de corrélation r entre les 53 apports ordonnés en ordre croissant, préalablement normalisées avec la distribution à vérifier, et la formule de Bloom suivante :

$$\frac{j-3/8}{53+1/4}, \quad \forall j=1,2,\ldots 53 \tag{187}$$

Plus la corrélation entre les observations normalisées et les valeurs empiriques (187) est forte ($r \approx 1$), plus les données se rapproche d'une distribution normale. En fonction du résultat du test, une seule distribution $N_t(\ )$ est retenue parmi les quatre vérifiées. Ce processus est répété à chaque période.

Finalement, une fois que les distributions $N_t(\ )$ ont été déterminées et que les coefficients du modèle autorégressif ont été ajustés, les scénarios sont obtenus en générant des nombres aléatoires distribués selon une DNS. L'étape finale consiste à appliquer la transformation inverse pour retrouver les apports réels. Pour terminer, il faut rappeler que les apports naturels intermédiaires sont parfaitement corrélés avec ceux du réservoir en amont. On doit donc générer des scénarios d'apports uniquement pour le réservoir en amont. Les autres scénarios sont obtenus en multipliant l'apport au réservoir en amont par le coefficient de bassin. Dans le cas des réservoirs en parallèle, nous supposons aussi que les apports sont parfaitement corrélés dans une même période. Dans ce cas, les autres scénarios d'apports aux réservoirs sont obtenus en multipliant l'apport au réservoir numéro 1 par leur coefficient de bassin respectif.

5.3.3 L'algorithme de programmation dynamique

La PDS sera utilisée pour comparer les résultats. Le programme utilisé est une copie de l'algorithme présenté à la section 1.6 du chapitre 1. Par exemple, pour le cas d'un système à deux réservoirs en série, l'objectif consiste à calculer à rebours pour $t=T$, $T-1$, ..., 1, l'équation suivante :

$$\begin{aligned} F_t\left(s_{1,t}, s_{2,t}, q_{1,t-1}\right) &\\ = \mathop{\mathrm{E}}_{q_t|q_{t-1}} &\left\{ \min\left[c\left(\sum_{i=1}^{2} p_i\left(s_{i,t}, u_{i,t}\right) - d_t \right) + F_{t+1}\left(s_{1,t+1}, s_{2,t+1} q_{1,t}\right) \right] \right\} \\ \approx \sum_{j=1}^{J} &\min\left[c\left(\sum_{i=1}^{2} p_i\left(s_{i,t}, u_{i,t}\right) - d_t \right) + F_{t+1}\left(s_{1,t+1}, s_{2,t+1}, q_{1,t-1}\right) \right] \times \Pr\left(q_{1,t}^N = z_j \big| q_{1,t-1}^N \right) \end{aligned} \qquad (188)$$

La fonction $F_t(\ )$ est déterminée à partir de 50 points de discrétisation pour les systèmes à deux réservoirs. Une analyse préliminaire a montré qu'au delà de 50 points de discrétisation ce paramètre n'influence pas de façon significative la qualité de la solution comparativement au temps de calcul qui, lui, augmente de façon significative. Par contre, pour les systèmes à trois réservoirs, le nombre de points de discrétisation a été réduit à 30. Cette réduction est due au temps de calcul qui lui augmente beaucoup lorsqu'on ajoute un troisième réservoir. Le nombre de points de discrétisation des apports a été fixé à 11 et sont égaux à :

$$z_j = -2.5 + 0.5(j-1), \quad \forall j = 1, 2, \ldots, 11 \qquad (189)$$

Ces valeurs seront les mêmes quel que soit le système solutionné.

Les deux premiers systèmes sont composés de deux réservoirs. Le premier système possède deux réservoirs en parallèle et le deuxième deux réservoirs en série. Les caractéristiques des réservoirs du système 1 et 2 sont données à la Figure 5.5 et à la Figure 5.6 de la page suivante.

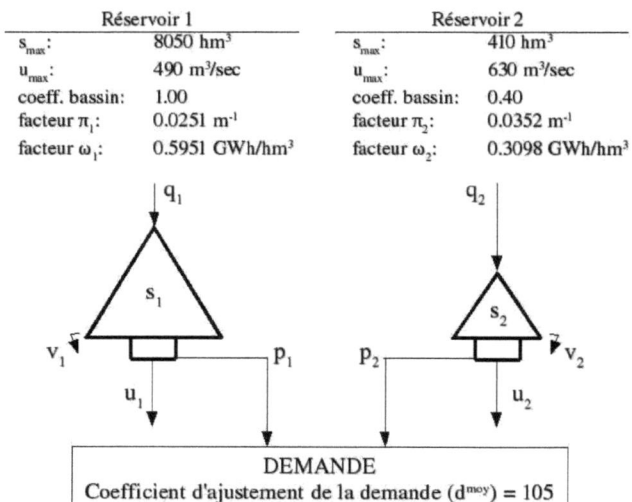

Figure 5.5 Premier système étudié : deux réservoirs en parallèle

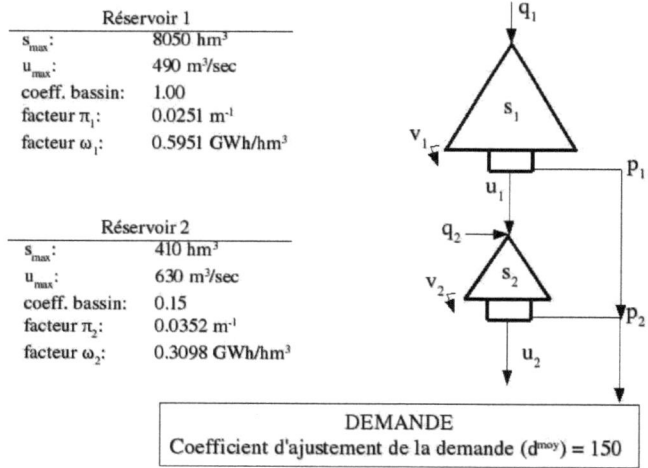

Figure 5.6 Deuxième système étudié : deux réservoirs en série

Les Tableau 5.1 et Tableau 5.2 de la page 80 montrent les résultats des simulations des systèmes 1 et 2 en fonction du nombre de scénarios d'apports utilisés pour ajuster la politique de gestion de la MTO et simuler les deux politiques de gestion. Ces tableaux comparent les résultats de la PDS et de la méthode des trajectoires avec demande. Ils donnent la quantité moyenne d'énergie produite par période (colonne 2 et 3) et la valeur de la fonction objective (colonnes 4 et 5) calculée par la fonction objective du problème à résoudre, soit:

$$\frac{1}{M}\sum_{j=1}^{M}\sum_{t=1}^{T} c\left(\sum_{i=1}^{N} p_i \left(s_{i,t}^m, s_{i,t+1}^m, u_{i,t}^m\right) - d_t\right) \tag{190}$$

où $s_{i,t}^m$ et $u_{i,t}^m$ sont respectivement le contenu et le soutirage du réservoir i à la période t obtenus en simulant le scénario m, et où M est le nombre total de scénarios utilisés.

Tableau 5.1 Résultats de la programmation dynamique (PDS) et de la méthode des trajectoires (MTO) sur le système à deux réservoirs en parallèle

Nombre de scénarios	Quantité moyenne d'énergie produite (GWh)		Valeur de la fonction objective	
	MTO	PDS	MTO	PDS
100	121.88	121.89	-16.52	-16.63
150	124.08	123.91	-18.05	-18.22
200	124.02	123.84	-18.18	-18.38
250	124.20	124.04	-18.41	-18.63
300	125.08	124.89	-19.09	-19.33
350	124.43	124.24	-18.55	-18.78
400	124.57	124.37	-18.65	-18.88
450	124.58	124.40	-18.68	-18.91
500	124.63	124.46	-18.74	-18.99
Moy.	**124.16**	**124.00**	**-18.32**	**-18.53**

Tableau 5.2 Résultats de la programmation dynamique (PDS) et de la méthode des trajectoires (MTO) sur le système à deux réservoirs en série

Nombre de scénarios	Quantité moyenne d'énergie produite (GWh)		Valeur de la fonction objective	
	MTO	PDS	MTO	PDS
100	171.06	170.71	-18.28	-18.33
150	173.58	173.46	-20.28	-20.71
200	173.53	173.52	-20.49	-21.22
250	173.69	173.79	-20.73	-21.59
300	174.49	174.86	-21.59	-22.49
350	173.96	173.93	-20.78	-21.68
400	174.13	174.10	-20.93	-21.82
450	174.14	174.15	-21.03	-21.94
500	173.82	174.20	-21.10	-21.99
Moy.	**173.60**	**173.64**	**-20.56**	**-21.31**

Il est intéressant de noter que la production moyenne d'énergie est très similaire quelle que soit la méthode utilisée. Par contre, l'erreur sur la fonction objective est de 1.1% pour le système en parallèle et de 3.6% pour le système en série.

Que l'algorithme donne de meilleurs résultats pour le système en parallèle est tout à fait logique. La cible visée par la MTO est basée sur une technique d'agrégation qui utilise une hauteur de chute moyenne, ce qui constitue une approximation de la production cible optimale. Dans le cas d'un système en parallèle, l'énergie potentielle des réservoirs est transformée en utilisant un seul coefficient pour estimer la hauteur de chute moyenne. Par contre, pour un système de deux réservoirs en série, deux coefficients sont utilisés pour convertir l'énergie potentielle du réservoir en amont. L'erreur faite sur l'estimation de la hauteur de chute est alors plus grande. On peut s'attendre à ce que ce phénomène s'amplifie pour un système à trois réservoirs en série.

Le fait que la production annuelle moyenne soit similaire mais qu'il y a une erreur sur la fonction objective s'explique par la façon dont est distribuée l'énergie tout au long de l'année. En d'autres termes, la façon dont sont gérées l'importation et l'exportation. Dans le cas de la PDS, cette gestion est optimale. Par contre, pour la méthode des trajectoires cette gestion est dictée par la production cible obtenue pour le système agrégé. La différence entre les deux méthodes est montrée à la Figure 5.7 pour le cas d'un système en parallèle et à la Figure 5.8 de la page 82 pour le cas d'un système en série. Ces deux figures montrent la production moyenne (A) et la différence moyenne entre la production et la demande (B) obtenue en simulant le système avec 500 scénarios d'apports.

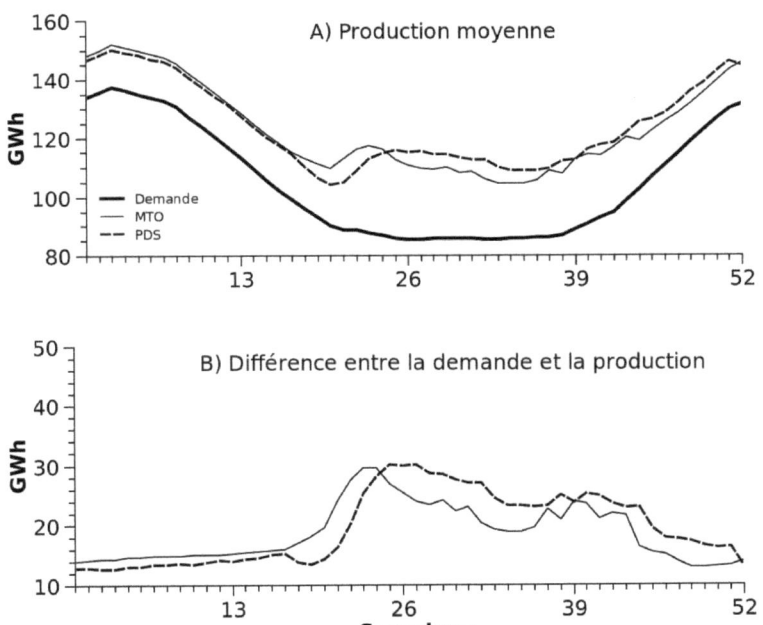

Figure 5.7 Production moyenne (A) et différence entre la demande et la production (B) pour un système à deux réservoirs en parallèle

Dans le cas du système à deux réservoirs en série, la gestion des importations et exportations est différente comme le montre la Figure 5.8. On voit par exemple qu'en hiver la différence entre la production et la demande est plus petite avec la MTO qu'avec la PDS. Cela a nécessairement comme effet d'accroître la probabilité que l'on importe de l'énergie durant cette période où la demande est très forte.

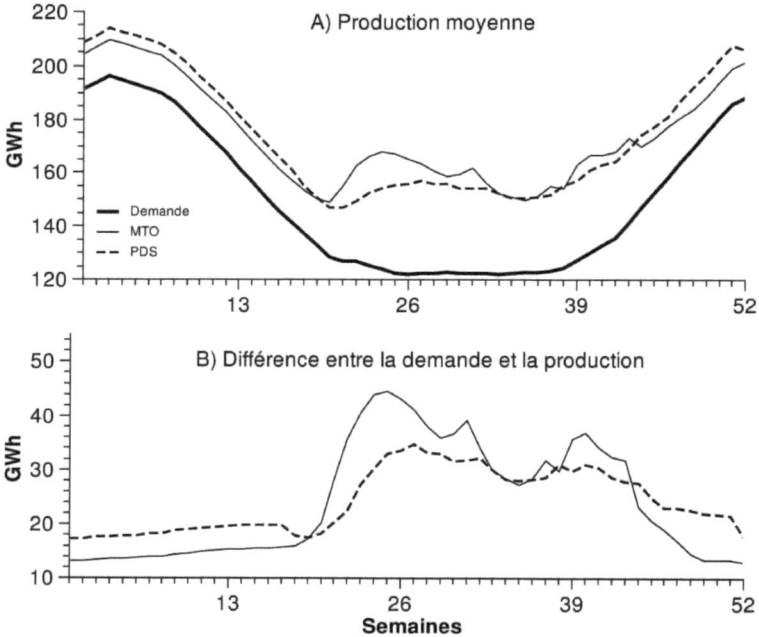

Figure 5.8 Production moyenne (A) et différence entre la demande et la production (B) pour un système de deux réservoirs en série

L'utilisation de la production cible est tout de même essentielle. Une politique de gestion qui utiliserait la demande comme cible ne conviendrait pas au problème à résoudre comme l'illustre la Figure 5.9 de la page 83. Cette figure montre encore une fois la différence moyenne entre la production et la demande. Cette fois, la courbe en pointillé correspond à une politique de gestion qui utilise uniquement la demande comme cible. P, lorsque la production dictée par la MTO sans demande est insuffisante, on utilise la demande comme cible alors que si la production est supérieure à la demande, le soutirage est conservé.

Cette simulation a été faite avec les 500 scénarios d'apports utilisés précédemment. On remarque que durant la première crue, l'écart est très important. Il y a donc de plus grandes quantités d'énergies exportées. Par contre, durant l'hiver, cette production arrive à peine à satisfaire la demande. Il en résulte une détérioration importante sur le plan de la fonction objective qui passe de -21.10 pour un système à deux réservoirs en série à -11.19 pour l'exemple illustré à la Figure 5.9.

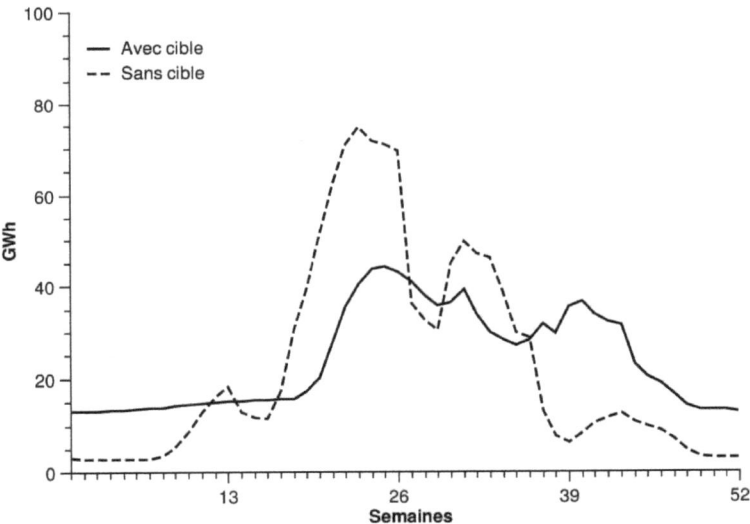

Figure 5.9 Différence moyenne entre la production et la demande pour la méthode des trajectoires avec et sans une production cible

5.3.4 Système à trois réservoirs

Les deux prochains systèmes sont composés respectivement de trois réservoirs en parallèle et de trois réservoirs en série. Les caractéristiques et la configuration des deux systèmes sont montrées à la Figure 5.10 et à la Figure 5.11 de la page 85.

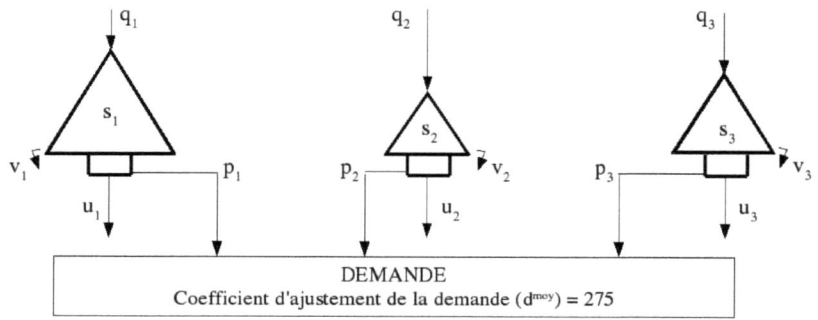

Figure 5.10 Troisième système étudié : trois réservoirs en parallèle

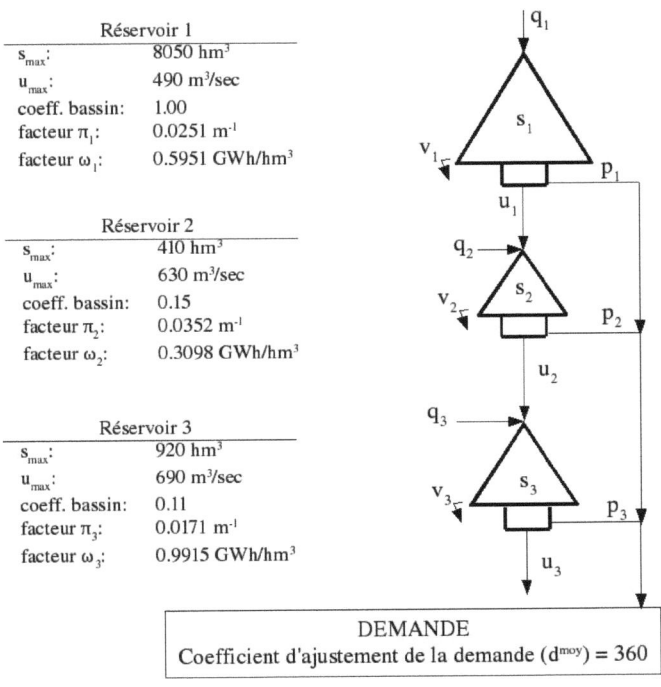

Figure 5.11 Quatrième système étudié : trois réservoirs en série

Les Tableau 5.3 et 5.4 de la page 86 montrent les résultats obtenus pour ces systèmes. On constatera que l'erreur pour la fonction objective pour le cas d'un système à trois réservoirs en série a augmenté à 4.4%. Pour le système en parallèle, l'erreur n'est seulement que de 0.8%. Il est intéressant de noter que cette erreur est approximativement la même que celle trouvée pour le cas d'un système à deux réservoirs en parallèle. Encore une fois, on remarque que la production annuelle moyenne est pratiquement la même dans les deux cas.

Tableau 5.3 Résultats de la programmation dynamique (PDS) et de la méthode des trajectoires (MTO) sur le système à trois réservoirs en parallèle

Nombre de scénarios	Quantité moyenne d'énergie produite (GWh)		Valeur de la fonction objective	
	MTO	PDS	MTO	PDS
100	271.07	270.54	-22.68	-22.80
150	274.11	273.27	-23.44	-23.84
200	273.72	272.12	-23.39	-23.69
250	269.59	269.91	-21.98	-22.14
300	269.52	269.72	-21.93	-22.12
350	269.94	269.01	-22.11	-22.24
400	269.72	269.91	-22.05	-22.19
450	270.15	270.60	-22.12	-22.28
500	269.69	269.28	-22.00	-22.28
Moy.	**270.83**	**269.48**	**-22.41**	**-22.60**

Tableau 5.4 Résultats de la programmation dynamique (PDS) et de la méthode des trajectoires (MTO) pour le système de trois réservoirs en série

Nombre de scénarios	Quantité moyenne d'énergie produite (GWh)		Valeur de la fonction objective	
	MTO	PDS	MTO	PDS
100	409.91	407.35	-20.41	21.00
150	413.99	413.33	-21.80	23.24
200	412.23	411.97	-20.90	-22.88
250	408.67	408.19	-19.37	-20.54
300	408.39	407.81	-19.68	-20.22
350	408.87	408.66	-19.92	-20.65
400	408.25	408.31	-19.22	-19.99
450	408.24	409.48	-19.96	-20.45
500	408.60	408.52	-19.81	-20.06
Moy.	**409.79**	**409.29**	**-20.12**	**-21.00**

La Figure 5.12 montre que la production cible obtenue pour le système agrégé est généralement bien suivie tout au long de l'année. L'erreur entre la PDS et la MTO provient donc du calcul de la cible et non pas du suivi de cette cible.

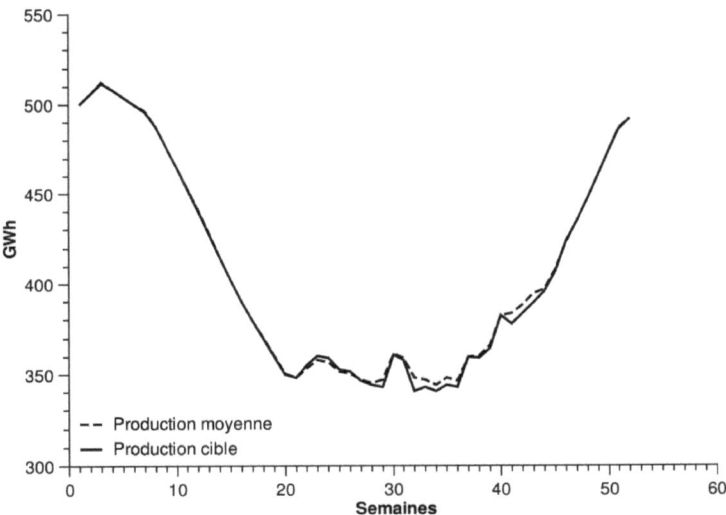

Figure 5.12 Production moyenne et production cible moyenne pour un système de trois réservoirs en série

5.4 Autres exemples incluant trois réservoirs

La méthode proposée dans ce travail de recherche a été testée sur cinq autres problèmes d'optimisation à trois réservoirs. Cette section présente les solutions obtenues pour ces cinq systèmes. Pour trois de ces problèmes le système comprend trois réservoirs en série alors que pour les deux derniers problèmes il comprend deux réservoirs en parallèle connectés à un même réservoir en aval. Les caractéristiques des installations pour chacun des problèmes sont données dans le Tableau 5.5.

Tableau 5.5 Caractéristiques des installations des systèmes à trois réservoirs

Système	Réservoir	Volume maximum s_i^{max} m³/sec	Turbinage Maximum u_i^{max} m³/sec	Facteur π_i	Facteur ω_i	Coefficient de bassin
1	1	520	380	0.0387	1.2105	1.00
	2	4500	460	0.0115	1.2800	0.19
	3	900	530	0.0201	1.0721	0.08
2	1	5600	400	0.0335	1.2708	1.00
	2	4500	460	0.0115	1.2800	0.08
	3	900	530	0.0201	1.0721	0.25
3	1	520	380	0.0387	1.2105	1.00
	2	400	420	0.0255	1.3510	0.08
	3	6100	570	0.0298	1.1750	0.25
4	1	5600	400	0.0335	1.2708	1.00
	2	4500	460	0.0115	1.2800	0.65
	3	400	850	0.0120	0.9877	0.09
5	1	520	380	0.0387	1.2105	1.00
	2	4500	460	0.0115	1.2800	0.65
	3	6100	820	0.0298	1.0558	0.25

Le premier système est composé de trois réservoirs en série, soit un petit réservoir en amont, un grand réservoir au milieu et un petit réservoir en aval. Le deuxième système comprend toujours trois réservoirs en série mais, cette fois, les réservoirs en amont et en aval sont de grande dimension alors que celui du milieu est de petite taille. Le dernier des trois systèmes en série possède quant à lui deux petits réservoirs suivis d'un grand réservoir en aval.

Finalement, le quatrième système et le cinquième système ont une configuration différente. Ils possèdent dans le premier cas deux grands réservoirs en parallèle connectés en aval à un petit réservoir alors que dans le deuxième cas le système possède un petit et un grand réservoirs suivis d'un autre grand réservoir. Les réservoirs sont numérotés de l'amont à l'aval. Dans le cas du quatrième système, les réservoirs 1 et 2 sont en parallèle et l'eau soutirée par ces réservoirs est dirigée vers le réservoir 3.

Le Tableau 5.6 fait la synthèse des résultats obtenus avec la MTO et la PDS pour l'ensemble des systèmes. Le tableau présente uniquement les résultats moyens pour l'ensemble des simulations effectuées. En d'autres termes, chaque ligne de ce tableau correspond à la dernière ligne des tableaux présentés précédemment. Pour tous les systèmes qui ont été étudiés, l'erreur relative pour la fonction objective entre la PDS et la méthode des trajectoires optimales est en deçà de 10%. On remarque encore une fois qu'en général la politique de gestion de la méthode des trajectoires donne une production annuelle moyenne similaire ou supérieure à celle obtenue avec la PDS.

Tableau 5.6   Résultats de la programmation dynamique (PDS) et de la méthode des trajectoires (MTO) sur les 5 problèmes supplémentaires

Système	Quantité moyenne d'énergie produite (GWh)		Valeur de la fonction objective		% d'écart
	MTO	PDS	MTO	PDS	
1	534.83	534.42	-27.24	-29.47	8.19
2	766.49	763.29	-32.51	-33.98	4.52
3	487.23	488.61	-26.83	-28.84	7.49
4	719.80	718.20	-29.81	-31.26	4.86
5	690.68	690.01	-28.08	-30.01	6.87

5.5 Application à des systèmes à plus de trois réservoirs

Dans cette section, les résultats obtenus avec la méthode des trajectoires avec demande pour des systèmes de plus de trois réservoirs sont présentés et discutés. Malheureusement, pour de tels systèmes l'algorithme de la PDS n'est pas applicable parce que le temps de calcul devient astronomique. Les résultats obtenus avec la méthode des trajectoires sans demande seront plutôt utilisés. Le but recherché est de montrer que la modification apportée ne dégrade pas les principaux avantages de la méthode originale. Ces avantages sont principalement la rapidité de calcul et la qualité de la solution. Les caractéristiques des installations utilisées dans cette section sont données dans le Tableau 5.7. Les réservoirs sont numérotés de l'amont vers l'aval.

Tableau 5.7 Caractéristiques des installations du système à sept réservoirs

Réservoir	Volume maximum s_i^{max} m^3/sec	Turbinage Maximum u_i^{max} m^3/sec	Facteur π_i	Facteur ω_i	Coefficient de bassin
1	8050	490	0.0251	0.5951	1.00
2	410	630	0.0352	0.3098	0.15
3	920	690	0.0171	0.9915	0.11
4	10150	710	0.0083	1.2903	0.24
5	550	800	0.0125	1.4201	0.09
6	13200	905	0.0072	1.2085	0.33
7	90	1000	0.0369	1.4281	0.02

Pour des systèmes de 2 et 3 réservoirs, nous avons vu que la méthode des trajectoires avec demande donne de bons résultats si on les compare à ceux de la PDS. Maintenant, pour des systèmes de plus de trois réservoirs les résultats sont comparés à ceux de la méthode des trajectoires sans demande où l'objectif est simplement de maximiser la génération. Cette comparaison est tout de même délicate. La principale raison est que les deux méthodes solutionnent des problèmes d'optimisation différents. On ne peut donc pas évaluer la valeur de la fonction objective car les deux fonctions sont différentes. Néanmoins, le système à gérer est le même. Donc, plutôt que de comparer la production annuelle moyenne, nous comparerons l'efficacité de la conversion de l'eau en énergie, c'est-à-dire la production moyenne qu'un hm^3 d'eau a générée durant la simulation. Ces valeurs sont données dans les colonnes 4 et 5 du Tableau 5.8. Elles ont été obtenues en divisant la production totale par la quantité d'eau utilisée. On voit que dans le cas d'une simulation sans demande un hm^3 d'eau a produit plus d'énergie que dans une simulation avec demande. Ce résultat est celui auquel on s'attendait. Les niveaux des réservoirs sont généralement plus bas dans une simulation avec demande (Figure 5.14) car la quantité d'eau soutirée augmente (voir colonne 2 et 3 du Tableau 5.8). Par contre, même si la quantité d'eau déversée annuellement est plus faible dans le cas avec demande (voir colonne 6 et 7 du Tableau 5.8), l'ajout de cette demande se traduit par une perte d'efficacité due à une hauteur de chute plus petite.

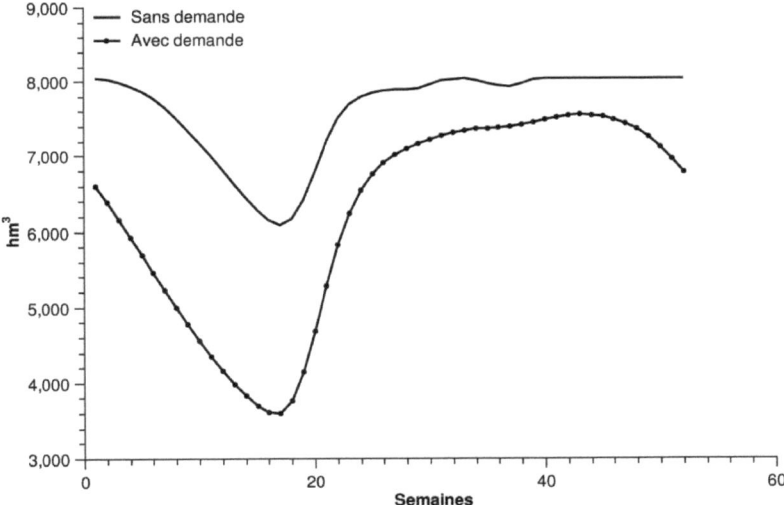

Figure 5.13 Contenu moyen du réservoir 1 dans un système à 4 réservoirs avec et sans demande

Tableau 5.8 Résultats de la méthode des trajectoires avec demande (A) et sans demande (S) en fonction du nombre de réservoirs

Nombre de réservoirs	Quantité totale d'eau turbine $\times 10^7$ hm^3		Quantité d'énergie produite $GWh \times hm^3$		Quantité d'eau déversée hm^3	
	A	S	A	S	A	S
4	1.3977	1.3726	0.8321	0.8381	495.55	1238.46
5	1.8701	1.8073	0.9788	0.9804	767.82	1422.44
6	2.4214	2.3251	1.1096	1.0203	771.15	1829.70
7	2.9927	2.8671	1.0902	1.0965	921.75	2048.00

La perte d'efficacité n'est tout de même que de 0.7% pour un système de 4 réservoirs, 0.2% pour un système de 5 réservoirs, 0.1% pour un système de 6 réservoirs et 0.4% pour le système de 7 réservoirs. Une perte moyenne de 0.35%, ce qui est relativement faible si l'on considère l'effet qu'a la demande sur la solution du problème comme le montre l'exemple de la Figure 5.14 de la page 93. Cette figure illustre la production moyenne d'un système de 4 réservoirs en série géré en utilisant la méthode des trajectoires avec et sans demande. On voit clairement la différence entre les deux solutions et ce, plus particulièrement en hiver où seuls les apports naturels sont soutirés lorsque l'objectif est la maximisation de la production.

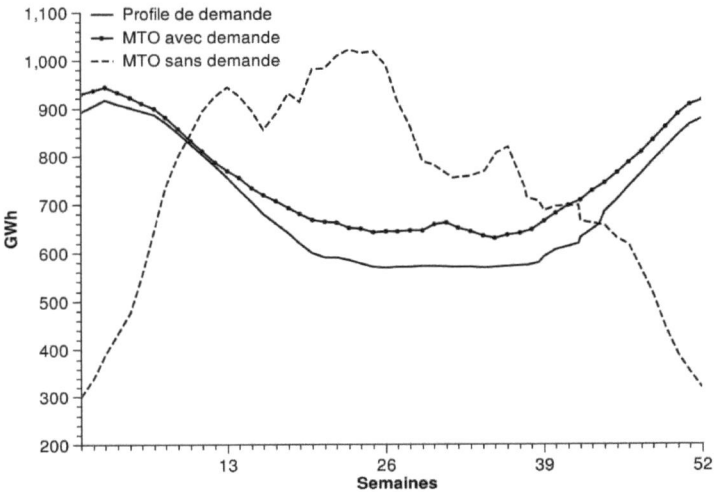

Figure 5.14 Profil de demande et de production moyenne d'un système à 4 réservoirs avec et sans demande

Finalement, le Tableau 5.9 de la page 94 donne les temps de calcul obtenus avec la méthode des trajectoires avec demande en fonction du nombre de réservoirs. Ce temps inclut l'ajustement de toutes les trajectoires optimales, le calcul de la politique de gestion du système agrégé ainsi que la simulation de la politique de gestion pour un ensemble de 300 scénarios d'apports. À titre comparatif, il a fallu plus de 60 secondes pour solutionner un problème à trois variables d'état (deux réservoirs et une variable d'apport pour la corrélation temporelle) à l'aide de la PDS et plus d'une heure pour solutionner un problème à quatre variables d'état (trois réservoirs et une variable d'apport). Les temps de calcul obtenus avec la méthode des trajectoires sont nettement inférieurs à ceux de la PDS. Ces résultats montrent à quel point l'approche est rapide et efficace pour résoudre des problèmes de grande dimension.

Tableau 5.9 Temps de calcul pour solutionner un problème avec demande en fonction du nombre de réservoirs

Nombre de réservoirs	*Temps de calcul (sec.)*
2	3.34
3	6.28
4	12.26
5	34.96
6	71.85
7	150.19

CONCLUSION

Ce dernier chapitre présente les conclusions de ce travail de recherche. Nous y présentons tout d'abord une synthèse des travaux réalisés. Celle-ci a pour but de mettre l'emphase sur les principaux objectifs et les contributions apportées. Nous y énumérons les points forts de l'approche proposée. En deuxième lieu, nous discutons des limitations de la méthode des trajectoires optimales qui a été conçue pour être appliquée à un problème de gestion avec demande. Finalement, nous élaborons sur les améliorations futures de la méthode développée.

Synthèse des travaux

L'objectif de ce travail était de proposer une méthode efficace pour résoudre un problème de gestion d'installations hydroélectriques avec demande et ce, quel que soit le nombre de réservoirs. La méthode qui a été présentée traite essentiellement des modifications apportées à la méthode des trajectoires optimales. La méthode des trajectoires optimales a pour unique objectif de maximiser la production hydroélectrique. Cette méthode n'a pas été conçue pour gérer un système ayant une demande à satisfaire. Nous avons abordé ce problème en deux parties. La première partie consistait à établir une mesure permettant d'identifier un réservoir parmi l'ensemble des réservoirs du système où il serait le plus profitable d'augmenter le soutirage. En supposant que l'on utilise la politique de gestion de la méthode des trajectoires maximisant la production, ce choix doit être fait de façon à minimiser l'impact sur la production annuelle moyenne. En procédant à une analyse de sensibilité via les multiplicateurs de Lagrange, nous sommes arrivés à établir la mesure recherchée. Quoi que cette mesure soit une mesure locale c'est-à-dire qu'elle dépende des soutirages et des contenus actuels du système, elle permet d'identifier très rapidement ce réservoir.

On a montré au chapitre 3 que la politique de gestion de la méthode des trajectoires optimales consiste essentiellement à suivre le plus près possible un ensemble de trajectoires préalablement déterminées. Ces trajectoires ont été tracées de façon telle que si on les suit la production annuelle moyenne sera maximisée. Lorsque l'on introduit une demande, on doit nécessairement dévier des trajectoires optimales puisqu'une politique de gestion maximisant la production ne minimise pas nécessairement les coûts de production reliés à l'importation et à l'exportation d'énergie. La mesure qui a été établie au chapitre 4 permet de dévier de ces trajectoires en minimisant l'impact sur la production. On a donc utilisé ces mesures pour modifier la production dictée par la méthode des trajectoires lorsque cette production était insuffisante pour satisfaire la demande.

En revanche, si on a comme objectif de satisfaire la demande dans chaque période où la production est insuffisante, alors cela ne minimise pas les coûts de production. Le problème étant que dans certains cas il peut être plus profitable de produire un peu plus que la demande ou encore, dans d'autres cas, de réduire la quantité d'énergie exportée pour emmagasiner plus d'énergie potentielle. Donc, la cible à atteindre n'est pas nécessairement la demande. On a montré au chapitre 6 que cette cible peut être déterminée via la solution d'un problème de programmation dynamique dont l'objectif est de trouver la politique de gestion qui minimise les coûts de production d'un seul réservoir. Ce réservoir contient le contenu énergétique agrégé de l'ensemble des réservoirs du système.

Cette façon de procéder présente plusieurs avantages. Premièrement, la cible à atteindre dans une période donnée n'est plus une constante comme la demande. Elle dépend de l'apport énergétique prévu durant la période ainsi que du contenu énergétique des réservoirs au début de la période, ce qui est beaucoup plus logique. De plus, comme la politique de gestion qui fixe la cible à atteindre est obtenue de la solution d'un problème de programmation dynamique à un réservoir, il serait facile de considérer la demande comme une variable aléatoire. Dans ce cas, le problème à résoudre devient un problème à deux variables d'état, ce qui demeure encore un problème facile à résoudre.

Un autre point important est que les apports sont représentés par des scénarios et non par des distributions de probabilité comme dans la programmation dynamique. Cela confère à la méthode un avantage important: toute la structure de corrélation peut être prise en considération lors de l'optimisation. Cela est particulièrement intéressant lorsque les apports sont corrélés de façon spatio-temporelle. Dans ce cas, il devient difficile, voire même impossible, de bien représenter cette corrélation à l'aide de distributions de probabilité. À l'inverse, il existe de nombreuses méthodes permettant de générer des scénarios d'apports qui respectent une structure de corrélation spatio-temporelle bien précise. Il est vrai que dans ce travail de recherche nous avons utilisé un modèle très simple pour générer nos scénarios d'apports, soit un modèle autorégressif d'ordre 1. Néanmoins, comme la simulation a été faite avec ces mêmes scénarios et que l'algorithme de la programmation dynamique a été développé en prenant en compte la structure de corrélation de ces scénarios, cela n'a plus aucun effet sur la valeur des résultats. Par contre, dans le cas où l'on aurait, par exemple, effectué les simulations avec les historiques d'apports, il aurait été important de générer de bons scénarios d'apports pour la méthode des trajectoires. Cela n'étant pas une tâche très difficile, la méthode des trajectoires aurait sans aucun doute mieux représentée la structure de corrélation des historiques d'apports.

Les résultats présentés au chapitre 5 ont montré l'efficacité de la méthode. Les résultats ont été comparés avec ceux de la programmation dynamique pour des systèmes de deux et trois réservoirs. Dans le pire des cas, l'erreur relative pour la fonction objectif des deux méthodes est de 8.19% pour un système à trois réservoirs en série. Le gros avantage de la méthode proposée est le temps de calcul. Pour un système de trois réservoirs, il n'a fallu que 6.28 secondes pour solutionner le problème alors que la programmation dynamique (à quatre variables d'états) a nécessité plus d'une heure de temps de calcul. La méthode des trajectoires a donc pu être appliquée avec succès sur un problème de 7 réservoirs en série. La solution a été trouvée en moins de 3 minutes.

Limitations de la solution proposée

On a montré au chapitre 3 que la méthode des trajectoires optimales consiste essentiellement à suivre le plus près possible un ensemble de trajectoires. Ces trajectoires sont composées d'une suite de contenus de référence. Elles sont dites optimales si, lorsque le système suit ces trajectoires, l'espérance de la production hydroélectrique est maximisée. Cette façon de résoudre un problème de gestion comporte une limitation importante. Lorsque l'on simule le système sur un ensemble de périodes, le contenu des réservoirs a nécessairement tendance à suivre les trajectoires optimales qui, elles, sont des trajectoires relativement lisses. Les trajectoires réelles seront donc elles aussi relativement lisses. Par conséquent, le soutirage devra s'adapter aux fluctuations des apports naturels. Dans certains cas, lorsque les apports naturels varient beaucoup d'une période à l'autre, les soutirages varieront eux aussi de sorte que les trajectoires réelles demeurent lisses. La Figure C.1 montre un exemple de ce phénomène. On y voit le soutirage d'un réservoir et la trajectoire du contenu durant une simulation.

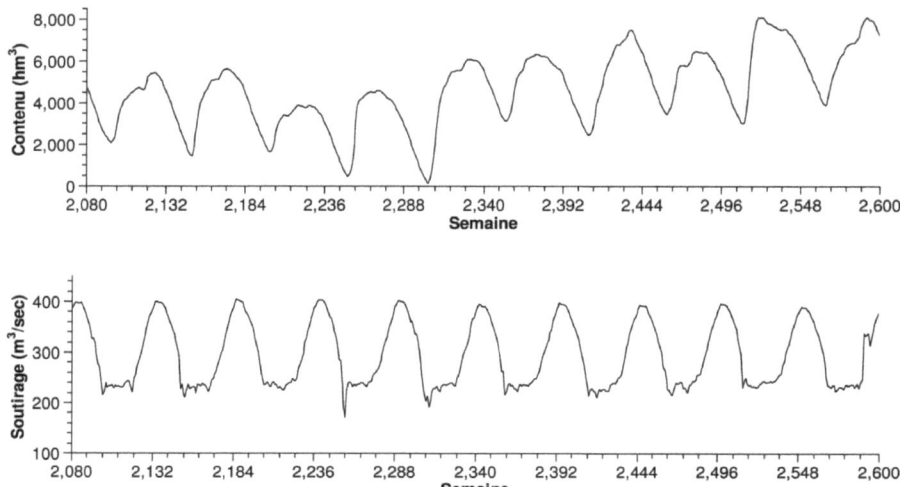

Figure C.1 Soutirage et contenu du premier réservoir d'un système à 3 réservoirs des 10 dernières années d'une simulation de 50 ans

Dans les faits, cette oscillation est nécessaire si l'on veut suivre la trajectoire optimale. Le problème avec cette politique de gestion est que les groupes turbo-alternateur seront beaucoup plus sollicités. Comme les soutirages aux réservoirs peuvent varier considérablement d'une semaine à l'autre, cela augmente le nombre d'arrêts et démarrages des groupes. Ceci peut engendrer des coûts supplémentaires dû à un entretien prématuré des groupes. La méthode proposée dans cette thèse devra nécessairement être modifiée si on veut résoudre un problème de gestion qui tient compte des coûts des arrêts et de démarrages des groupes.

Il est aussi important de noter que la méthode de solution ne garantit pas nécessairement la solution optimale. Ceci est principalement dû au calcul de la production cible à atteindre. Cette production cible est obtenue de la solution de la programmation dynamique d'un système agrégé où les hauteurs de chute aux réservoirs sont considérées constantes. La cible à atteindre ne sera alors qu'une approximation de la cible réelle qu'il faudrait atteindre pour être optimale. On a noté, lors de la génération des résultats présentés au chapitre 6, que la performance de la méthode est grandement influencée par la qualité de la cible à atteindre. Si la cible à atteindre est en dessous de la cible optimale, les coûts de production seront plus grands puisqu'on importera beaucoup d'énergie. À l'inverse, si la cible est trop haute, la politique de gestion aura tendance à exporter plus d'énergie mais aussi à vider les réservoirs, ce qui produira des périodes extrêmement coûteuses où l'on manque d'eau et où l'on ne peut satisfaire la demande. Dans ce cas précis, le bilan exportation importation sera plus coûteux que le bilan obtenu par la programmation dynamique.

Il est donc très important que la politique de gestion du système agrégé soit bien ajustée de sorte que la cible donnée soit près de la cible optimale. Heureusement, la politique de gestion est obtenue en solutionnant un problème de programmation dynamique à un seul réservoir. Ce genre de problème est très facile à résoudre, et plus articulièrement lorsque la fonction d'objectif est convexe, ce qui est le cas ici. Par contre, l'unique réservoir du problème à résoudre est un réservoir fictif qui a été obtenu en agrégeant le contenu énergétique de tous les réservoirs du système original. L'agrégation est faite en convertissant le contenu en hm^3 en énergie potentielle. Cette conversion est réalisée à l'aide des coefficients de conversion ω_i.
On a noté que l'estimation de ces coefficients a un rôle majeur sur la qualité de la performance de la méthode puisqu'il influence directement la cible calculée par la politique de gestion. Dans certains cas, nous avons remarqué qu'une variation aussi faible que 5% de la valeur d'un des coefficients ω_i peut entraîner une variation de plus de 15% de la fonction objectif. Le succès de la méthode repose donc en partie sur ces coefficients. Dans ce travail, nous avons calculé ces coefficients en deux étapes. Premièrement, pour chaque système un problème sans demande a été solutionné avec la version originale de la méthode des trajectoires optimales. Lors de la simulation du système, nous avons enregistré à chaque période et pour chaque réservoir la quantité d'eau soutirée et la production générée. On estime le coefficient ω_i (GWh/hm^3) en divisant à chaque période la production et le soutirage puis, finalement, en prenant la moyenne de ces ratios. La deuxième étape consiste ensuite à raffiner ces coefficients en utilisant cette fois la méthode des trajectoires avec demande. La procédure revient simplement à faire varier ces coefficients tant et aussi longtemps qu'il y a un gain sur la valeur de la fonction objectif obtenue lors de la simulation.

Améliorations futures

La première amélioration proposée est directement liée à la principale limitation de la méthode, soit la stabilité de la commande. Le fait que le soutirage peut varier considérablement d'une période à une autre limite l'application de la méthode à un cas réel. Pour palier à cette lacune, il serait possible d'ajouter, par exemple, une heuristique qui réajustera les soutirages des réservoirs en fonction de ceux appliqués à la période précédente. Bien entendu, cet ajustement doit se faire en minimisant l'impact sur la commande originale dictée par la méthode.

On a montré au chapitre précédant qu'il est possible de résoudre un problème à 7 réservoirs en moins de 3 minutes. Ce temps de calcul est relativement faible mais va tout de même croître avec le nombre de réservoirs. Il peut devenir assez long lorsque le système est composé de plus d'une dizaine de réservoirs. Lors de l'ajustement des trajectoires optimales, c'est-à-dire la phase initiale qui précède la simulation, 90% du temps de calcul est consacré à la solution des différentes instances du problème d'optimisation donnant la politique de gestion. Ce problème, on le rappelle, sert à diviser les hauteurs de chutes aux réservoirs parmi tous ceux qui ont été agrégés pour former un réservoir équivalent. La méthode de solution de ce problème d'optimisation est sans contredit le goulot d'étranglement de la méthode des trajectoires. Dans cette recherche nous n'avons pas effectué une analyse approfondie des méthodes de solution possibles. L'approche utilisée dans ce travail est basée sur la programmation quadratique séquentielle. On a tout de même démontré que ce problème est un problème d'optimisation convexe. Donc, tout maximum global est aussi un maximum local. Des méthodes heuristiques pourraient alors être développées. Par exemple, comme les problèmes doivent être résolues en séquence et que d'une résolution à l'autre les paramètres (contenus en début de période, valeurs des trajectoires optimales et les apports naturels) ne changent pas beaucoup, on pourrait se servir de la solution optimale du problème précédent comme point de départ pour résoudre la prochaine instance du problème d'optimisation.

Finalement, pour être applicable dans un contexte réel, il serait très intéressant de modifier la méthode pour y ajouter des contraintes de bornes minimum sur les soutirages et les contenus des réservoirs. En effet, dans certains cas, on doit assurer un débit minimum en aval du réservoir. Ceci se traduit par une borne inférieure sur la quantité d'eau soutirée. Ce cas n'a pas été traité dans ce travail. Il en va de même pour les contenus des réservoirs. On pourrait par exemple imposer un niveau minimum sur le réservoir. Ce genre de contrainte peut être imposée dans un système lorsqu'on désire effectuer de l'irrigation à partir d'un réservoir, où encore lorsqu'on veut s'assurer que des installations riveraines (comme des ponçons pour amarrer des bateaux) aient

BIBLIOGRAPHIE

[1]   A. Turgeon, "Stochastic optimization of multireservoir operation: The optimal reservoir trajectory approach," *Water Resources Research*, vol. 43, 2007.

[2]   W. W. G. Yeh, "Reservoir management and operation model: A state-of-the-art review," *Water Resources Research*, vol. 21, no. 12, pp. 1797-1818, 1985.

[3]   J. W. Labadie, "Optimal operation of multireservoir systems: state-of-the-art review," *Journal of Water Resources Planning and Managemant*, vol. 130, no. 2, pp. 93-111, 2004.

[4]   D. P. Bertsekas, *Dynamic Programming and Optimal Control*: Athena Scientific, 2007.

[5]   A. Hammadia, "Contributions a l'optimisation, en temps reel et a court terme, des ressources hydroelectriques d'une riviere," École Polytechnique de Montréal, Montréal, 2000.

[6]   A. Turgeon, "Solving a stochastic reservoir management problem with multilag autocorrelated inflows," *Water Resources Research*, vol. 41, no. W12414, 2005.

[7]   D. R. Maidment, *Handbook of Hydrology*: McGraw-Hill: New York, 1993.

[8]   D. M. Murray et S. J. Yakowitz, "Constrained differential dynamic programming and its application to multireservoir control," *Water Resources Research*, vol. 15, no. 5, pp. 1017-1027, 1979.

[9]   F. El-Awar et J. W. Labadie, "Stochastic differential dynamic programming for multireservoir system control," *Stochastic Hydrology and Hydraulics*, vol. 12, pp. 247-266, 1998.

[10]   E. Foufoula-Georgiou et P. K. Kitanidis, "Gradient dynamic programming for stochastic optimal control of multidimentional water ressources systems," *Water Resources Research*, vol. 24, no. 8, pp. 1345-1359, 1988.

[11] S. A. Johnson, J. R. Stedinger, C. A. Shoemaker, Y. Li, et J. A. Tejada-Guibert, "Numerical solution of continuous-state dynamic programing using linear and spline interpolation," *Operation Research*, vol. 41, no. 3, pp. 484-500, 1993.

[12] C. Cervellera, V. C. P. Chen, et A. Wen, "Optimization of a large-scale water reservoir network by stochastic dynamic programming with efficient state space discretization," *European Journal of Operational Research*, vol. 171, pp. 1139-1151, 2006.

[13] C. Cervellera, A. Wen, et V. C. P. Chen, "Neural network and regression spline value function approximation for stochastic dynamic programming," *Computers & Operations Research*, vol. 34, pp. 70-90, 2007.

[14] M. T. Musavi, W. Ahmed, K. H. Chan, K. B. Faris, et D. M. Hummels, "On trainning of radial basis function classifeirs," *Neural Networks*, vol. 5, pp. 595-603, 1992.

[15] A. Turgeon, "A decomposition method for long-term scheduling of reservoirs in series," *Water Resources Research*, vol. 17, no. 6, pp. 1565-1570, 1981.

[16] A. Turgeon et R. Charbonneau, "An aggregation-disagregation approach to long-term reservoir management," *Water Resources Research*, vol. 34, no. 12, pp. 3585-3594, 1998.

[17] T. W. Archibald, K. I. M. McKinnon, et L. C. Thomas, "An aggregate stochastic dynamic programming model of multiple reservoir systems," *Water Resources Research*, vol. 33, no. 2, pp. 333-340, 1997.

[18] M. Saad et A. Turgeon, "Application of principal component analysis to long-term reservoir management," *Water Resources Research*, vol. 24, no. 7, pp. 907-912, 1992.

[19] M. Saad, A. Turgeon, P. Bigras, et R. Duquette, "Learning disaggregation technique for operation of long-term hydroelectric power systems," *Water resources research*, vol. 30, no. 11, pp. 3195-3202, 1994.

[20] M. Saad, P. Bigras, A. Turgeon, et R. Duquette, "Fuzzy learning decomposition for the scheduling of hydroelectric power systems," *Water Resources Research*, vol. 32, no. 1, pp. 179-186, 1996.

[21] M. Pereira, "Optimal stochastic operations of a large hydroelectric system," *Electr. Power Energy Syst.*, vol. 11, pp. 161-169, 1989.

[22]   M. Pereira et L. Pinto, "Multi-stage stochastic optimization applied o energy planning," *Mathematical Programming*, vol. 52, pp. 359-375, 1991.

[23]   A. Tilmant, D. Pinte, et Q. Goor, "Assessing marginal water values in multipurpose multireservoir systems vi stochastic programming," *Water Resources Research*, vol. 44, 2007.

[24]   D. P. Bertsekas et J. N. Tsitsiklis, *Neuro-Dynamic Programming*: Athena Scientific, 1996.

[25]   R. S. Sutton et A. G. Barto, *Reinforcement Learning*: John Wiley & son, 1988.

[26]   W. B. Powell, *Approximate Dynamic Programming : Solving the curses of dimensionality*: MIT Press, 2007.

[27]   J.-H. Lee et J. W. Labadie, "Stochastic optimization of multireservoir systems via reinforcement learning," *Water Resources Research*, no. W11408, 2007.

[28]   A. Castelletti, D. de Rigo, A. E. Rizzoli, R. Soncini-Sessa, et E. Weber, "Neuro-dynamic programming for designing water reservoir network management policies," *Control Engineering Practice*, vol. 15, pp. 1031-1038, 2007.

[29]   J. Kellman, R. J. Stedinger, L. A. Cooper, E. Hsu, et S. Q. Tuan, "Sampling stochastic dynamique programming apllied t oreservoir operation," *Water Resources Research*, vol. 26, no. 3, pp. 447-454, 1990.

[30]   A. Turgeon, "Solving daily reservoir management problems with dynamic programming," *Les Cahiers du GERAD*, no. G-2006-22, 2006.

[31]   B. A. Faber et J. R. Stedinger, "Reservoir optimization using sampling SDP with ensemble streamflow prediction (ESP) forecats," *J. Hydrol.*, vol. 249, no. 4, pp. 113-133, 2001.

[32]   S. Vicuna, "Adaptation to Climate Change Impacts on California Water Resources," PhD Dissertation, Univ. of California at Berkeley, Berkeley, 2007.

[33]   S. Wasimi et P. Kitanidis, "Real-time forcasting and daily operation of a multireservoir system during floods by linear quadratic gaussian control," *Water Resources Research*, vol. 19, no. 6, pp. 1511-1522, 1983.

[34]   D. McLaughlin et H. Velasco, "Real-time control of a system of large hydropower reservoirs," *Water Resources Research*, vol. 26, no. 4, pp. 623-635, 1990.

[35]   A. Georgakakos et D. Marks, "A new method for real-time operation of reservoir system," *Water Resources Research*, vol. 23, no. 7, pp. 1376-1390, 1987.

[36]   A. Georgakakos, "Extended linear quadratic gaussian control: Futher extension," *Water Resources Research*, vol. 25, no. 2, pp. 191-201, 1989.

[37]   A. Georgakakos, H. Yao, et Y. Yu, "Control model for hydroelectric energy-value optimization," *Journal of Water Resources Planning and Management*, vol. 123, no. 1, pp. 30-38, 1997.

[38]   M. Karamouz et H. Houck, "Annual and monthly reservoir operating rules," *Water Resources Research*, vol. 18, no. 5, pp. 1337-1344, 1982.

[39]   H. Raman et V. Chandramouli, "Deriving a general operating policy for reservoirs using neural network," *Journal of Water Resources Planning and Management*, vol. 122, no. 5, pp. 342-347, 1996.

[40]   V. Chandramouli et H. Raman, "Multireservoir Modeling with Dynamic Programming and Neural Networks," *Journal of Water Resources Planning and Management*, vol. 127, no. 2, pp. 89-98, 2001.

[41]   P. Chaves et T. Kojiri, "Stochastic fuzzy neural network: case study of optimal reservoir operation," *Journal of Water Resources Planning and Management*, vol. 133, no. 6, pp. 509-518, 2007.

[42]   J. R. Brige, "Decomposition and partitioning methods for multistage stochastic linear programs," *Operation Research*, vol. 33, no. 5, pp. 989-1007, 1985.

[43]   J. Jacobs, G. Freeman, J. Grygier, D. Morton, G. Schultz, K. Staschus, et J. Stedinger, in, vol., Vladimirou etet al., Ed.^Eds., ed.: Baltzer Science, 1995, pp.

[44] A. Seifi et K. W. Hipel, "Interior-point method for reservoir operation with stochastic inflows," *Journal of Water Resources Planning and Management*, vol. 127, no. 1, pp. 48-57, 2001.

[45] R. Oliveria et D. P. Loucks, "Operating rules for multireservoir systems," *Water Resources Research*, vol. 33, no. 4, pp. 839-852, 1997.

[46] S. Momtahen et A. B. Dariane, "Direct search approaches using genetic algorithms for optimization of water reservoir operating policies," *Journal of Water Resources Planning and Management*, vol. 133, no. 3, pp. 202-209, 2007.

[47] J. Nocedal et S. J. Wright, *Numerical Optimization*, 2006.

[48] N. Gould et P. Toint, "A Quadratic Programming Page," http://www.numerical.rl.ac.uk/qp/qp.html, 2009.

[49] Nag, "Harwell Subroutine Library," http://www.cse.scitech.ac.uk/nag/hsl/hsl.shtml, 2009.

[50] N. V. Arvanitidis et J. Rosing, "Composite representation of a multi-reservoir hydroelectric power system," *IEEE Trans. Power Appar. Syst.*, vol. PAS-79, pp. 921-932, 1970.

[51] A. Turgeon, "Optimal operation of multireservoir power systems with stochastic inflows," *Water Resources Research*, vol. 16, no. 2, pp. 275-283, 1980.

[52] J. J. Filliben, "The Probability Plot Correlation Coefficient Test for Normality," *Technometrics*, vol. 17, no. 1, pp. 111-117, 1975.

ANNEXE 1- CONDITIONS D'OPTIMALITÉ DE KKT

Cette annexe présente les conditions d'optimalité d'un problème d'optimisation avec contraintes.

Soit le problème d'optimisation suivant:

Minimiser la fonction :

$$f(\mathbf{x}) \tag{191}$$

Sujet aux contraintes :

$$h_i(\mathbf{x}) = 0 \quad \forall\, i = 1, 2, \ldots, m \tag{192}$$

$$g_j(\mathbf{x}) \leq 0 \quad \forall\, j = 1, 2, \ldots, p \tag{193}$$

où $\mathbf{x}$ est un vecteur de dimension n, et f, g et h sont des fonctions $\mathbb{R}^n \mapsto \mathbb{R}$ de classe $\mathcal{C}^2$. et le lagrangien de ce problème noté par :

$$\mathcal{L}(\mathbf{x}, \lambda, \mu) = f(\mathbf{x}) + \sum_{i=1}^{m} \lambda_i h_i(\mathbf{x}) + \sum_{j=1}^{p} \mu_j g_j(\mathbf{x}) \tag{194}$$

les conditions d'optimalité du premier ordre sont données par le théorème suivant:

Théorème A.1 *(Théorème de Karush-Kuhn-Tucker) Si $\mathbf{x}^*$ est la solution optimale du problème (191)-(193) et que les lignes de la matrice jacobienne suivantes sont linéairement indépendantes:*

$$J(\mathbf{x}^*) = \begin{bmatrix} \nabla h_1(\mathbf{x}^*)^T \\ \nabla h_2(\mathbf{x}^*)^T \\ \vdots \\ \nabla h_m(\mathbf{x}^*)^T \\ \nabla g_1(\mathbf{x}^*)^T \\ \nabla g_2(\mathbf{x}^*)^T \\ \vdots \\ \nabla g_p(\mathbf{x}^*)^T \end{bmatrix} \tag{195}$$

alors il existe des multiplicateurs λ_i, $i=1,2,\ldots,m$ et μ_j, $j=1,2,\ldots,p$ tel que les conditions suivantes sont respectées:

$$\nabla f(\mathbf{x}) + \sum_{i=1}^{m}\lambda_i \nabla h_i(\mathbf{x}^*) + \sum_{j=1}^{p}\mu_j \nabla g_j(\mathbf{x}^*) = 0 \tag{196}$$

$$h_i(\mathbf{x}) = 0 \quad \forall\, i=1,2,\ldots,m \tag{197}$$

$$g_j(\mathbf{x}) \leq 0 \quad \forall\, j=1,2,\ldots,p \tag{198}$$

$$\mu_j \geq 0 \quad \forall\, j=1,2,\ldots,p \tag{199}$$

$$\mu_j g_j(\mathbf{x}) = 0 \quad \forall\, j=1,2,\ldots,p \tag{200}$$

Les conditions d'optimalité de KKT deviennent suffisante lorsque la fonction objective est convexe (ou concave dans le cas d'une maximisation) et que les contraintes forment un ensemble convexe.

Propriété A.1 *(Fonction concave)* : *Si une fonction* $f(\mathbf{x}):\mathbb{R}^n \mapsto \mathbb{R}$ *est strictement concave, alors pour toute valeur de* $\lambda \in [0,1]$ *on a:*

$$f(\lambda\mathbf{x}_1 + (1-\lambda)\mathbf{x}_2) > \lambda f(\mathbf{x}_1) + (1-\lambda)f(\mathbf{x}_2) \quad \forall\, \mathbf{x}_1,\mathbf{x}_2 \in \mathbb{R}^n \tag{201}$$

Propriété A.2 *(Ensemble convexe) Si un ensemble* $\Omega \subset \mathbb{R}^n$ *est convexe alors pour toute valeur de* $\lambda \in [0,1]$ *on a:*

$$\lambda\mathbf{x}_1 + (1-\lambda)\mathbf{x}_2 \in \Omega \quad \forall \mathbf{x}_1,\mathbf{x}_1 \in \Omega \tag{202}$$

ANNEXE 2 - ANALYSE DE SENSIBILITÉ

Cette annexe présente une proposition qui stipule que l'impact de la variation du membre de droite d'une contrainte sur la solution optimale d'un problème d'optimisation peut être directement mesuré via la valeur du multiplicateur de cette contrainte. Cette propriété est utilisée dans le chapitre 4 pour déterminer une expression de la valeur marginale de l'eau dans un réservoir.

Propriété A.3 *Soit le problème* $\min\{f(\mathbf{x}) : h(\mathbf{x}) = 0\}$, *où* $\mathbf{x}$ *est un vecteur de dimension n et f et h sont des fonctions* $\mathbb{R}^n \mapsto \mathbb{R}$ *et supposons que ce problème a une solution optimale locale en* $\mathbf{x}^*$ *avec un multiplicateur égal à* λ^*. *Posons* $p(\epsilon) = \min\{f(\mathbf{x}) : h(\mathbf{x}) = \epsilon\}$ *le problème paramétré par* ϵ *et* $\mathbf{x}(\epsilon)$ *une fonction dépendant de* ϵ *retournant la solution optimale du problème paramétré, on a alors le résultat suivant:*

$$\frac{dp(0)}{d\epsilon} = -\lambda^* \qquad (203)$$

Démonstration : Comme $\mathbf{x}(\epsilon)$ est une fonction retournant la solution optimale du problème $p(\epsilon)$ on a que:

$$p(\epsilon) = f(\mathbf{x}(\epsilon)) \qquad (204)$$

$$h(\mathbf{x}(\epsilon)) = \epsilon \qquad (205)$$

En prenant la dérivée de ces équations de chaque côté on obtient:

$$\frac{dp(\epsilon)}{d\epsilon} = \frac{d\mathbf{x}(\epsilon)}{d\epsilon} \nabla f(\mathbf{x}(\epsilon)) \qquad (206)$$

$$\frac{d\mathbf{x}(\epsilon)}{d\epsilon} \nabla h(\mathbf{x}(\epsilon)) = 1 \qquad (207)$$

Pour $\epsilon = 0$ on a donc que:

$$\frac{dp(0)}{d\epsilon} = \frac{d\mathbf{x}(0)}{d\epsilon} \nabla f(\mathbf{x}^*) \qquad (208)$$

$$\frac{d\mathbf{x}(0)}{d\epsilon} \nabla h(\mathbf{x}^*) = 1 \qquad (209)$$

Selon le théorème de KKT (voir Annexe 1) on sait que $\nabla f(\mathbf{x}^*) = -\lambda^* \nabla h(\mathbf{x}^*)$. En utilisant ce résultat et les équations (208) et (209) on a alors que:

$$\frac{dp(0)}{d\epsilon} = \frac{d\mathbf{x}(0)}{d\epsilon} \nabla f(\mathbf{x}^*) = \frac{d\mathbf{x}(0)}{d\epsilon} \left(-\lambda^* \nabla h(\mathbf{x}^*)\right) = -\lambda^* \left(\frac{d\mathbf{x}(0)}{d\epsilon} \nabla h(\mathbf{x}^*)\right) = -\lambda^* \qquad (210)$$

◊

Cette proposition permet donc d'évaluer approximativement l'impact de modifier le membre de droite d'une contrainte sur la fonction d'objectif. Selon la définition de la dérivée d'une fonction à une variable on a que:

$$\frac{dp(0)}{d\epsilon} = \lim_{\epsilon \to 0} \frac{p(\epsilon) - p(0)}{\epsilon} = -\lambda \qquad (211)$$

On peut donc conclure que si ϵ est suffisamment petit alors:

$$p(\epsilon) - p(0) \approx -\lambda \epsilon \qquad (212)$$

Oui, je veux morebooks!

i want morebooks!

Buy your books fast and straightforward online - at one of world's fastest growing online book stores! Environmentally sound due to Print-on-Demand technologies.

Buy your books online at
www.get-morebooks.com

Achetez vos livres en ligne, vite et bien, sur l'une des librairies en ligne les plus performantes au monde!
En protégeant nos ressources et notre environnement grâce à l'impression à la demande.

La librairie en ligne pour acheter plus vite
www.morebooks.fr

VDM Verlagsservicegesellschaft mbH
Heinrich-Böcking-Str. 6-8   Telefon: +49 681 3720 174   info@vdm-vsg.de
D - 66121 Saarbrücken   Telefax: +49 681 3720 1749   www.vdm-vsg.de

Printed by Books on Demand GmbH, Norderstedt / Germany